图书在版编目 （CIP） 数据

爱护花草树木 / 李吉奎编 . -- 北京：中国地图出
版社，2015.8
　　（美丽中国系列 . 环保篇）
　　ISBN 978-7-5031-8463-5

　　Ⅰ . ①爱… 　Ⅱ . ①李… 　Ⅲ . ①植物保护—青少年读物
Ⅳ . ① S4-49

　　中国版本图书馆 CIP 数据核字（2014）第 230165 号

书　　名	美丽中国系列之环保篇 · 爱护花草树木		
出版发行	中国地图出版社	邮政编码	100054
社　　址	北京市西城区白纸坊西街 3 号	网　　址	www.sinomaps.com
电　　话	010-83543902　83543949		
印　　刷	北京龙跃印刷有限公司	经　　销	新华书店
成品规格	170mm×240mm	印　　张	10
版　　次	2015 年 8 月第 1 版	印　　次	2015 年 8 月北京第 1 次印刷
定　　价	24.80 元		

书　　号	ISBN 978-7-5031-8463-5/G · 3266

如有印装质量问题，请与我社发行公司联系调换

前 言

　　美丽的大自然让我们陶醉：流连于早春的桃花林，我们可以欣赏蝴蝶在花瓣间起舞，轻嗅浓郁的阵阵花香；漫步于仲夏的林间小路，我们可以聆听悦耳的蝉鸣，感受柳枝的轻抚；徜徉于深秋的田野，我们可以体会丰收的喜悦，感受生命的枯荣；伫立于隆冬的森林，我们可以倾听松涛阵阵，体会冬日的苍翠。这一切美的享受都离不开装点生命的绿色。

　　在人类生活中，绿色原本随处可见：一朵野花，一株小草，一棵大树，一块草地，一片森林……它们都是绿色生命的代表。

　　如今，绿色却越来越少了。郁郁葱葱的山林失去了往日的容颜，变得光秃秃的；原来绿意盎然的山坡变成了一片荒原；原来一望无际的草原日渐萎缩，取而代之的是满目的黄沙……

　　人类有意或无意的行为正在破坏着养育我们的大自然，消耗着上天赐予我们的最珍贵的礼物——绿色。

　　爱护绿色环境，保护地球家园，与我们每个人都息息相关。就让我们从现在做起，爱护花草树木，一起保护我们共同的家园吧！

美丽中国系列之

环保篇

目录 CONTENTS

一 神通广大的植物——花草树木　　001

1. 走近植物大家族　　001
2. 千姿百态的植物从何而来　　007
3. 奇妙的光合作用　　009
4. 花草树木的本领　　011
5. 濒危花草树木，更需要你的关注 016

二 人类的绿色保护神——森林　　020

1. 认识森林的真面目　　020
2. 地球上最大的天然氧吧　　024
3. 森林的蓄水能力究竟有多强　　026
4. 森林是如何调节气候的　　028
5. 野生动物的乐园　　030
6. 森林的死敌——火　　032
7. 森林的灾难——乱砍滥伐　　034
8. 一张纸与一片森林　　037
9. 一次性筷子的背后　　041

三 守疆固土的绿色长城——防护林　　043

1. 为什么在农田附近种树　　043
2. 防护林还出现在什么地方　　046

3. 一棵树的生态价值   049

4. 防护林的中坚——乔木和灌木   052

5. 植树造林，从现在开始   054

四 绿色生态保护屏——草原   057

1. 地球的绿化带   057

2. 草原的生态功能   063

3. 什么是草原沙化   065

4. 草原与草原狼   068

5. 牧民为什么要季节性休牧   071

五 低等植物处女地——湿地   073

1. 你了解湿地吗   074

2. 地球之肾   076

3. 湿地之痛   082

4. 谁在破坏湿地   084

5. 湿地之忧   086

6. 保护湿地，从我做起   089

六 别样的风景——城市绿化   091

1. 营造绿色空间的草坪   091

2. 马路边的除噪高手   095

3. 街道绿化   097

4. 抗污染植物大比拼   102

5. 大树进城，得不偿失   105

七 萌芽的种子——让绿色走进家庭   107

1. 芳草幽幽的庭院   107

2. 阳台上的美丽风景   111

3. 建造一个楼顶花园   112

4. 用绿色植物装点房间   115

5. 有品位的绿色客厅   119

爱护花草树木

美丽中国系列之

环保篇

6. 宁静有涵养的书房 　　122

7. 让春天在厨房里绽放 　　124

八 爱无限，绿无边——大家一起行动起来 127

1. 绿色校园，需要你我共同呵护 128

2. 停下你的脚步，留下一片绿地 130

3. 为自己种一棵树 132

4. 让景区不再受伤 134

5. 像孝敬老人一样爱护古树 136

6. 不进入自然保护核心区 139

7. 拒绝使用纸质贺卡 143

8. 关注有关环保的信息 145

9. 勇于举报破坏环境的行为 147

10. 支持环保募捐 149

11. 向家人讲解环保知识 151

12. 做一名环保志愿者 153

一 神通广大的植物
——花草树木

一朵野花，一株小草，一棵大树……构成了形形色色的植物大家族。墙根下，小溪边，山脚下，悬崖边……到处都有它们的身影。生机盎然的植物生长在世界的每个角落，为地球母亲披上了绿色的外衣，也将地球母亲装点得更加生机勃勃，绿意盎然。

1. 走近植物大家族

植物大家族成员众多：青青的野草，茁壮的大树，丛生的灌木，彼此缠绕的藤蔓，有着顽强生命力的蕨类，耐干旱的地衣，单细胞的绿藻……它们共同组成了植物大家族。

爱护花草树木

如果按照植物从低级到高级，从简单到复杂的标准，可以将植物家族分为藻类植物、苔藓植物、蕨类植物、裸子植物和被子植物五大类。这些不同类别的植物有哪些特征呢？现在让我们一一认识它们吧！

藻类植物

藻类植物结构简单，其特征是没有真正的根，没有叶子，也不会开花，但是在功能上能够进行光合作用。

藻类植物体大小不一。最小的直径只有1～2微米，只有在显微镜下才能窥其全貌，例如，美丽的硅藻只有400~500微米，一张普通邮票就可放下5 000个。大的则长达几十米，最大的藻类要数美国的巨藻，长达30多米，是藻类中的"巨人"。我们常常看到池塘里的水是绿色的，其实，我们看到的并不是水的颜色，而是水中大量的藻

类植物聚集在一起所呈现出来的颜色，这些藻类都是水中鱼虾的美食。

另外，藻类还是人类的食物之一，比如，我们常吃的海带和紫菜就属于藻类植物。

苔藓植物

苔藓植物是一种小型的绿色植物，它们只有柔软而矮小的茎和叶，不开花，也没有种子。它们喜欢生活在阴暗潮湿的角落。我们常常可以在裸露的岩石下面或者大树根部的树皮上看到一种好像绿色地毯的植物，它们就是苔藓。

苔藓植物对生态环境具有非同寻常的作用，它们在生长的过程中，会不断地分泌酸性物质，促使土壤分化，年深日久，它们为其他植物创造了可以生存的土壤，因此，它们又被称为"植物界的拓荒者"。除此以外，它们还能积蓄水分，保持水土。由于苔藓植物的叶只有一层细胞，它吸入有毒气体后就会死去，人们利用苔藓植物的这个特点，把它当作检测空气污染程度的指示植物。

蕨类植物

蕨类植物是地球上最早出现的陆地植物，有根、茎、叶之分，不开花，也不结果，它们是通过孢子繁殖后代的。它们有着超强的适应环境的本领，哪里气候条件最恶劣，它们就出现在哪里。除了大海里、深水底层、寸草不生的沙漠和长期冰封的陆地外，蕨类植物几乎无处不在。从海滨到高山，从湿地、

爱护花草树木

湖泊到平原、山丘，到处都有蕨类植物的踪迹。

蕨类植物是一种原始而古老的生物，根据蕨类植物的化石记录，它们在两三亿年前的石炭纪早期就出现了。它们绝大多数是草本植物，不过也有特例。比如，有一种名叫"桫椤"的植物，是目前发现的唯一的木本蕨类植物。

裸子植物

裸子植物是地球上最早用种子进行有性繁殖的，在此之前出现的藻类和蕨类则都是以孢子进行有性繁殖的。裸子植物是种子植物中较为低级的一类，能产生种子，但是种子的外面没有包被，不形成果实，种子裸露，所以叫裸子植物。

在北半球，很多重要林木都是裸子植物，如落叶松、冷杉、华山松、云杉等。在中国，裸子植物的种数虽仅为被子植物的0.8%，但其所形成的针叶林面积约占森林总面积的52%。

被子植物

被子植物也叫显花植物，它们拥有真正的花，这些美丽的花是繁殖后代的重要器官，也是它们区别于裸子植物及其他植物的显著特征。它们的种子包被在果实里，所以叫被子植物。盛开的鲜花、种植的庄稼、鲜美的水果和蔬菜几乎都是被子植物。被子植物是植物界中种类最多的植物。

当然，以上对植物的分类方法并不是唯一的，我们也可以根据能不能产生种子这个标准将植物划分为两大类群：种子植物和孢子植物。凡是能产生种子的称为种子植物，不能产生种子的称为孢子植物。

不管哪种分类方法，仅仅是对植物家族大的类别进行了梳理。事实上，世界上有约45万种植物，其中属于高等植物的就有20余万种，我国有高等植物3万余种。面对种类如此繁多的植物，我们怎样才能清晰地认识每一种植物呢？

植物学家对这些植物采用了等级分类法：根据它们之间亲缘关系的远或近，从低级到高级，从简单到复杂，把它们编排在一个系统中。在这个系统中，每一种植物都有一个自己的位置，就像是每一个人都有一个户口一样。这个系统由好几个等级组成，最高级是"界"，接着是"门""纲""目""科""属"，最基层的是"种"。由一个或几个种，组成属，由一个或几个属，组成科，依此类推，最后由几个门组成界，也就是植物界。

这样，我们对每一种植物，不管它是高等的还是低等的，是种子植物还是孢子植物，只要讲出它科学的名称，就可以在某个位置上找到它。

现在，你就可以随心所欲地深入了解植物家族的某个成员了。不过，你也许还有个疑问：这些形形色色的植物是如何演变而来的呢？让我们一起寻找答案吧！

爱护花草树木

绿色空间

被子植物带来的改变

被子植物的产生，使地球上第一次出现色彩鲜艳、类型繁多、花果丰茂的景象。被子植物花的形态的发展，使得直接或间接地依赖植物为生的动物界，尤其是昆虫、鸟类和哺乳类，获得了相应的发展，并迅速地繁盛起来。

2. 千姿百态的植物从何而来

任何生命的演化都必须遵循的规律是：从无机到有机，从低级到高级、从简单到复杂，从不完善到完善。从生物学的角度来说，细菌的等级最低，其次是植物，动物的等级最高，具体到这三个类别的生物，也遵循了这个规律。

科学家研究发现，在地球诞生之初，地球上是没有生命的。经过了一段漫长的演化，大气中的碳、氮、氢、氧、硫等元素在大自然中闪电、火山喷发等作用下，合成了二氧化碳、水等有机分子。这些有机分子进一步合成，变成生物单体氨基酸、水等物质，这些物质再进一步生成聚合物，如蛋白质、核酸等生命物质。之所以称之为生命物质，是因为它们能从周围环境吸收自己所需要的营养，排出不需要的废物，还具有遗传能力，能繁殖后代。不过，此时的生命物质是在缺乏氧气的环境中生存的。

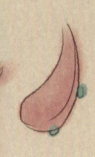

生命物质经过漫长的演化，形成了细菌、蓝藻等生物。蓝藻的出现使地球逐渐发生了质的变化。由于蓝藻中含有一种能够进行光合作用的色素，这种色素可以利用光能制造有机物，并且释放出氧气。随着蓝藻数量的增多，大气中氧气的浓度增加，在高空中逐渐形成臭氧层，阻挡太阳紫外线的直接辐射，从而改变了地球的整个生态环境。

到了5亿年前，地球大气中的氧达到现在含量的10%时，植物有了更大的发展空间。此后，大气中的

爱护花草树木

氧含量逐步增加到现在的水平。

几亿年后，生存的条件具备后，才出现了人类。

绿色植物在地球上的出现，不仅推动了地球的发展，也推动了生物界的发展，而整个动物界都是直接或间接依靠植物界才获得了生存和发展。

如今，地球上生活着150多万种动物，40多万种植物和20多万种微生物，构成了一个生机勃勃、绚丽多姿的生命世界，繁衍进化，生生不息。从高山到平原，从沙漠到草原，从空中到江河湖海，从地面到地下，到处都有生命的足迹。而这一切的出现，都离不开植物的功劳。

绿色空间

植物的祖先

地质学家研究发现，蓝藻是地球上最早出现的绿色植物，被称为"植物的祖先"。现今我们看到的绿油油的禾苗、娇艳欲滴的野花、高大粗壮的树木，都是由低等的藻类经过几亿甚至几十亿年进化、发展而来的。

3. 奇妙的光合作用

每一种生物必须不断吸收营养成分才能生存下去，植物也是如此。但是，植物没有消化系统，它们必须依靠其他的方式摄取营养。而植物光合作用的过程，实际上也就是摄取营养的一个过程。

什么是光合作用呢？

光合作用是指绿色植物通过叶绿体，利用光能，把二氧化碳和水转化成储存着能量的有机物，并且释放出氧的过程。

这里的光能主要指太阳光。太阳每时每刻都在向地球传送着光和热，有了太阳光，地球上的植物才能进行光合作用。当然，光合作用在灯光下也能进行。植物的叶子大多数是绿色的，是进行光合作用的主要器官，因为叶片中含有叶绿素。叶绿素只有利用太阳光的能量，才能合成有机物质。

叶绿素的生物合成在光照条件下形成，既受遗传性制约，又受到光照、温度、矿物质营养、水和氧气等的因素

爱护花草树木

影响。

光合作用是自然界最神奇的物质转变过程，它使最简单的无机物转化为有机物，把太阳能转化为化学能供给地球上各种生物，完成各项生命活动。可以说，没有光合作用就没有地球上的生物，就没有人类。

科学家研究发现，世界上的绿色植物每天可以产生约4亿吨的蛋白质、碳水化合物和脂肪，与此同时，还能向空气中释放出近5亿多吨的氧，为人和动物提供了充足的食物和氧气。

■绿色天使■

夜间释放氧气的花草

大多数植物白天进行光合作用，吸收二氧化碳，释放氧气，夜间进行呼吸作用，吸收氧气，释放二氧化碳。而有些植物则相反，它们可以在夜间吸收二氧化碳，释放氧气。比如，仙人掌类的蟹爪兰、令箭、仙人球等，景天科的燕子掌、石莲等，虎皮兰属的龙舌兰、芦荟、龙爪等。

4.花草树木的本领

氧气是人类赖以生存的必要条件之一，而地球上的植物是唯一能够制造氧气的生物。人类赖以生存的氧气必须依靠植物源源不断地提供，才能得以生存下去。植物的不可替代性可见一斑。那么，植物到底有哪些不可替代的本领呢？

花草树木是氧气的制造工厂

科学家研究发现：面积为1公顷的阔叶林通过光合作用，每天可以释放750克氧气，吸收1 000千克左右的二氧化碳；面积为1公顷的草坪每天约释放650千克氧气，吸收900千克二氧化碳。一个成年人每天呼吸需要0.75千克氧气，排放1千克二氧化碳。所以，每个人需要10平方米的树林就能维持正常的呼吸。

花草树木是天然的吸尘器

空气中的灰尘对人体有害，如果进入肺部，容易染病。有人计算过，一座中等城市内1公顷的地面上，一年中落下约3 000千克尘土，而花草树木对尘土有较强的吸附能力，比如，树叶的气孔、绒毛及其分泌的黏液能粘住大量尘埃。

科学家研究发现，1公顷油松林每年可吸收粉尘30 000多千克。为此，林地上空空气中灰尘含量比街道上空要少得多，同样，草坪地带空气中灰

爱护花草树木

011

尘的含量比没有草坪地带灰尘的含量也要少得多。

花草树木是自然界的防疫员

花草树木具有杀菌的能力。生物学家发现，1公顷桧柏树每天可分泌30千克杀菌素，能杀死肺结核、痢疾等多种致病菌。除此以外，雪松、柳杉、核桃树、紫薇、丁香、垂柳、臭椿等树木也有强大的杀菌能力。

据报道，城市闹市区空气中每立方米的细菌含量比绿地的细菌含量多7倍。有树木的地方比繁华的大街每立方米空气中的含菌量少85%。

花草树木是有毒气体的净化厂

当空气中的有害物质达到一定浓度时，就会对环境造成严重污染。如二氧化硫，当它在空气中的浓度为十万分之一时，就能引发哮喘、肺水肿等疾病；达到万分之二以上时，人就会有生命危险。氟化氢对人体的危害更大，当它在空气中的含量达到每升3毫克时，人就会死亡。

有些花草树木具有吸收有毒气体的能力。比如，1公顷柳杉林每年可以吸收720千克二氧化硫；刺槐、银杉等树木对氟化氢有较强的吸收能力；梓树、接骨木等有较强的吸收氯气能力。

花草树木是气候的调节器

花草树木具有吸热、遮光、蒸发水分的作用。研究发现，夏季闹市区的气温为27.5℃时，草坪表面的温度为22～24℃，林地树荫下的气温比没有绿地的区域低3～5℃，比建筑物地区低10℃。

空气中的湿度大小对人的感觉舒适与否有着直接关系。通常情况下，树林中的空气湿度比空旷地高7%～14%。

另外，树林还能降低风速，减少风沙的危害。如果在城区空旷地带风速为每秒13.7米，树林中只有每秒3.6米。

花草树木是噪声隔音墙

严重的噪声能够使人的听力受伤，降低工作效率，影响人体健康。一般来说，30～40分贝的声音是比较安静的正常环境，超过50分贝的声音就会影响休息及睡眠，超过70分贝的声音就会对身体造成伤害。如果长期生活在90分贝以上的噪声环境中，人的听力就会受到损伤，同时还会引起疾病。

树木具有散射声波的作用。树叶表面的气孔、绒毛与吸音板较为相似，可以吸收噪声，同时，树干和树枝也能挡住声音的传播。据测定，70分贝的噪声通过40米宽的林带可以降低10～15分贝。

同样，草地也有吸音的作用。通常情况下，生长茂盛的草坪，草叶的总面积相当于它所占地面积的20倍，这些茂密的叶片形成柔软而富有弹性的地表，像海绵一样阻挡和吸收声音的传播。据测定，70分贝的噪声通过4米宽的绿篱笆时可以减弱6分贝。

爱护花草树木

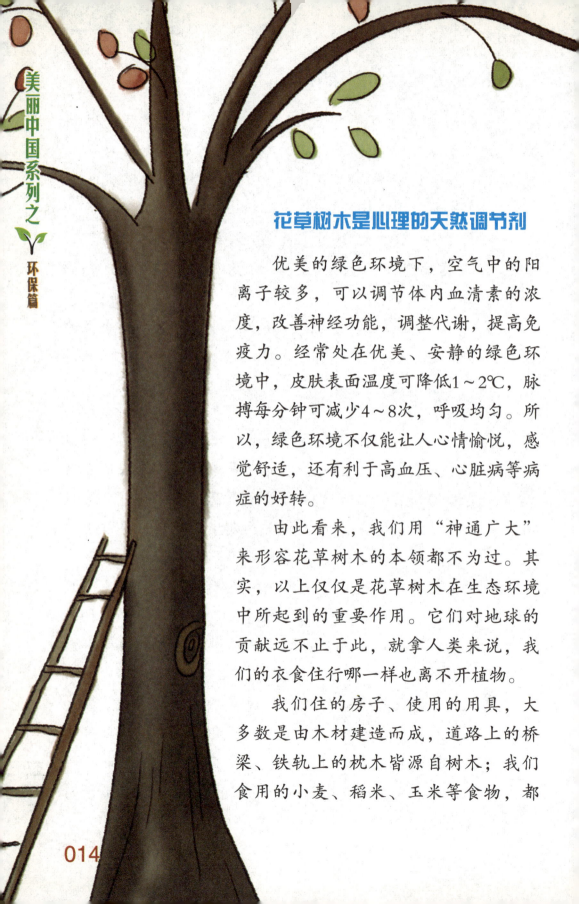

花草树木是心理的天然调节剂

优美的绿色环境下，空气中的阳离子较多，可以调节体内血清素的浓度，改善神经功能，调整代谢，提高免疫力。经常处在优美、安静的绿色环境中，皮肤表面温度可降低1～2℃，脉搏每分钟可减少4～8次，呼吸均匀。所以，绿色环境不仅能让人心情愉悦，感觉舒适，还有利于高血压、心脏病等病症的好转。

由此看来，我们用"神通广大"来形容花草树木的本领都不为过。其实，以上仅仅是花草树木在生态环境中所起到的重要作用。它们对地球的贡献远不止于此，就拿人类来说，我们的衣食住行哪一样也离不开植物。

我们住的房子、使用的用具，大多数是由木材建造而成，道路上的桥梁、铁轨上的枕木皆源自树木；我们食用的小麦、稻米、玉米等食物，都

是由农作物加工而成，这些农作物自然也是植物的一种，而我们平时吃的水果、蔬菜就更不必说了；我们食用的肉类食品也离不开植物，比如猪肉，猪只有吃了以植物为原料的食物，才能长得又肥又大，供人类食用；我们穿的衣服也不例外，许多衣物的布料都是从植物纤维中提取而来的。

花草树木是人类的好朋友，它们对人类的好处说也说不完。可是，人类并没有友好地对待它们，折树枝，踩草坪，毁森林……人们无时无刻不在对它们进行着伤害。

从现在起，让花草树木不再受到伤害，真心地帮助它们，爱护它们，才是我们应该做的。

■绿色天使■

体积最大的树

体积最大的树是生活在美洲内华达山的巨杉，号称"植物爷爷"，它身高70～110米，树干直径为10～16米，上下差不多一般粗，是世界上体积最大的树。它的寿命在5000年以上。巨杉树干上的一个树洞，可以通过一辆小汽车，或者让4个骑马的人并排走过。即使把树锯倒以后，人们也要用梯子才能爬到树干上去。

爱护花草树木

5.濒危花草树木，更需要你的关注

由于人类造成的环境污染、过度利用等原因，地球上的植物正在遭受着前所未有的伤害。2009年，"植物生命"保护组织发布的一份报告显示，目前世界上5万余种药用植物中约有1.5万种濒临灭绝。为此，世界自然基金会强调：合理地对待野生植物已经迫在眉睫。

中国同样面临着这一问题。作为植物资源非常丰富的国家，中国仅高等植物就有470科、3700余属，总计约3万种。由于人类对自然环境和植物资源的干扰和破坏，植物物种灭绝的速度非常快。

1984年，中国公布了第一批珍稀濒危保护植物名录，共包括388种植物。其中以下8种植物被列为一级保护植物，这些等待救助的"天使"都是谁呢？

水杉

水杉是杉科落叶乔木，是中国特有的孑遗植物，素有"活化石"之称。据已经发现的化石证据表明，它在中生代白垩纪和新生代曾广泛分布于北半球，第四纪冰期以后，同属于水杉属的其他种类已经全部灭绝。而中国四川、湖北、湖南边境地带因地形走向复杂，受冰川影响小，使水杉得以幸存。

秃杉

秃杉又名滇杉、台湾杉，是杉科常绿乔木，也是珍稀的孑遗植物。它主要分布在云南怒江州高黎贡山和碧罗雪山的茫茫林海中，此外，中国的湖北、贵州两省的少数地方及缅甸北部略有分布。

秃杉树干高大挺直，树高在40米以上，胸径可达2.25米，是树木家族中的"巨人"。它寿命很长，散生在针阔叶混交林中。秃杉树冠呈塔形，枝条修长下垂，树姿优美，是绿化的优良树种。

珙桐

珙桐是1000万年前新生代第三纪留下的孑遗植物，第四纪冰川时期，大部分地区的珙桐相继灭绝，只有在中国南方的一些地区幸存下来。野生种只生长在中国四川省和湖北省及周边地区。珙桐为落叶乔木，可长到15～25米高，叶子为卵形，边缘有锯齿，花奇美，已经成为世界上著名的观赏植物。

爱护花草树木

银杉

银杉为中国特产的稀有树种，和水杉、银杏一起被誉为植物界的"国宝"。银杉是松科的常绿乔木，主干高大挺拔，枝叶茂密。分布在广西、贵州、湖南、四川等地的局部山区。

金花茶

金花茶的花为金黄色，仿佛涂着一层蜡，晶莹而油润，耀眼夺目，娇艳多姿。1960年，中国科学工作者首次在广西南宁一带发现它，并命名为金花茶。国外称之为"神奇的东方魔茶"。

望天树

望天树别名擎天树，是1975年才由我国云南省林业考察队在西双版纳的森林中发现的。望天树一般高达60多米，胸径100厘米左右，最粗的可达300厘米。高耸挺拔的树干竖立于森林绿树丛中，比周围其他树木要高出一大截，可谓直通九霄，大有刺破青天之势。望天树大部分生长在原始雨林及山地雨林中，它们多成片生长，组成独立的群落，形成奇特的自然景观。生态学家把它们视为热带雨林的标志树种。

桫椤

桫椤又名蕨树、水桫椤、龙骨风、蛇木，是桫椤科、桫椤属蕨类植物，是已经发现的唯一木本蕨类植物，极其珍贵，有"活化石"之称。桫椤是古老蕨类植物，可制作成工艺品和中药，还是一种很好的庭园观赏树木。

人参

人参属于五加科草本植物，是第三纪孑遗植物，也是珍贵的中药材。由于过度采挖，在中国东北地区已处于濒临灭绝的边缘。

植物资源是人类产生的摇篮，也是人类赖以生存的基础。可以说，保护植物就是保护人类自己。所以，呵护野生植物及其生存环境，是我们每个人的责任。

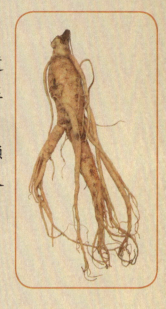

绿色空间

会跳舞的草——跳舞草

跳舞草也叫情人草或多情草。它是自然界唯一能够根据声音产生反应的植物。科学家发现，跳舞草"起舞"与温度、阳光和一定节奏、节律、强度下的声波感应有关。在常温强光且无风雨时的环境下，"跳舞"的2片侧小叶会不停地摆动，在半分钟内，每片小叶可完成椭圆形的运动1次，每片叶转动达180°之后便又弹回原处，尔后再行"起舞"。

爱护花草树木

三 人类的绿色保护神——森林

人类学家说："森林是人类的摇篮。"物理学家说："森林是太阳能的存储器。"土壤学家说："森林是土壤的保育员。"生态学家说："森林是生物的制氧器。"水利学家说："森林是天然的储水器。"既然森林对地球如此重要，就让我们认识一下它的风姿吧。

1. 认识森林的真面目

说到森林，就会想到一望无际的林海，没有人会把房前屋后的零星树木或者路边成排的防护林当作森林。从森林的"森"字也能看出，三个"木"字组合在一起，表示森林是许多树木之意。因此，如果说森林是许多树木的集合，大家都会赞同。

不过，如果将森林的含义理解至此，显然较为肤浅。因为森林不单单是树木的集合，除了树木之外，还有其他生物。下面就让我们来认识森林的真面目吧！

进入森林，首先映入眼帘的是茁壮茂密的乔木，它们构成了森林的主体。由于森林中的乔木种类繁多，生物学家将

　　树冠处于森林上层的乔木叫作林木。由于每片森林的组成情况不同，我们把由一种乔木组成的森林叫作单纯林，由两种或两种以上乔木组成的森林叫作混交林。但是，由于森林中的乔木生物学特性也不一样，从而森林又有了常绿林、针叶林、阔叶林等区别。

　　森林中的植物还有地下木、活地植物和层间植物。地下木是指处于林木下面的灌木，它们的树冠高度完全在林木树冠的下方；贴近地表生长的苔藓、地衣、小草和小灌木等属于活地植物；层间植物是指生长在森林中的附生植物、寄生植物和藤本植物，它们附着和攀援在乔木、灌木上，本身并不形成一个层。这三种植物与林木之间互相影响，彼此依存。

　　当然，森林中还生活着各种各样的"居民"。它们是兽类、鸟类和昆虫。森林为动物直接或间接地提供了丰富的食

爱护花草树木

物和良好的生活空间。

生物学家统计，一个比较简单的温带阔叶林中，有种子植物700多种，蕨类植物十几种，蘑菇、苔藓等低等植物3 000多种。另外，还有哺乳动物3 000种，鸟类70多种，两栖动物5种，昆虫5 000多种，其他低等动物1 000余种。

所以，森林是一个十分热闹的生命舞台，在森林中，各种生物之间既相互依存，又相互斗争，关系错综复杂。

至此，我们对森林的理解又深入了一个层次。但是，如果单独地将森林作为一个个体来了解，还是不够的，必须将森林与其所生存的环境结合起来，才能更深入地了解它。

可以说，不同的环境造就了不同的森

林，比如，我国东半部从高纬度到低纬度，从北向南依次有寒温带、中温带、暖温带、亚热带、热带5个气候带，而相应地出现了针叶林、针阔叶混交林、落叶阔叶林、常绿阔叶林、热带季雨林和热带雨林5个森林植被区域。由此可知，环境决定森林的类型。反过来，森林又影响着环境。

森林是怎样影响环境的呢？让我们一起领略一下它的巨大能量吧。

■**绿色时间**■

世界森林日

世界森林日，又被译为"世界林业节"，是于1971年在欧洲农业联盟的特内里弗岛大会上，由西班牙提出倡议并得到一致通过的。同年11月，联合国粮农组织正式予以确认，1972年3月21日为首次"世界森林日"。 2012年"世界森林日"主题是"保护地球之肺"，2014年"世界森林日"主题是"让地球成为绿色家园"。

爱护花草树木

2. 地球上最大的天然氧吧

生物学家将森林比喻为地球上最大的天然氧吧，为什么这么说呢？

氧气是人类维持生命的基本条件，人每时每刻都要呼吸氧气，排出二氧化碳。一个人三两天不吃不喝问题不大，如果缺少氧气，只需要几分钟就会死亡，这是人所共知的常识。所以，地球上没有氧气，人类就无法生存。植物通过光合作用，吸收二氧化碳，释放出氧气，供给地球上的生物呼吸。森林作为拥有绿色植物最多的地方，当之无愧被称为地球上最大的天然氧吧。

森林的一个主要作用，就是为人类提供氧气。处于生长旺季的1公顷阔叶林，每天能吸收1 000千克二氧化碳，释放出750千克氧气。由此计算，10平方米的森林就能把一个人呼出的二氧化碳全部吸收，并供给其所需的氧气。当然，林木在夜间也有排出二氧化碳的特性，但因白天吸进二氧化碳量很大，差不多是夜晚的20倍，相比之下夜间排出的二氧化碳量就很小了。

就全球来说，森林绿地每年为人类处理近千亿吨二氧化碳，为人类源源不断地提供高质量的氧气。森林的这种特殊功能是其他生物群落所不能替代的。

虽然森林具有如此高强的本领，但是并没有得到人类应有的爱护，相反，近200年间，地球上的森林已有1/3以上被采伐和毁掉。再加上人类生产活动的增多，二氧化碳的排放量在急剧增加。此消彼长，使得地球生态环境恶化，主要表现为全球气候变暖以及由此引发的一系列灾难，比如，飓风、暴雨、洪涝、干旱等自然灾害。

青山不老树为本，绿水长流林是源。森林与我们的生活息息相关，人类离不开森林，森林更需要人类的保护。

爱护花草树木

3. 森林的蓄水能力究竟有多强

森林不仅是天然的制氧机，也是巨大的蓄水库。那么，它究竟是如何蓄水的？它的蓄水能力有多强呢？

森林的蓄水功能主要通过地上层的乔木、灌木、草和地表层的枯枝落叶以及土壤层三个层次对降水进行调蓄。

当雨水落到地上层树木的枝叶表面，受到枝叶表面吸附力的作用被截留，使枝叶表面形成一层水膜，直到降落在枝叶表面的雨滴重力超过了水膜表面张力为止。由此，林冠层将雨水分配为林冠截留、树干径流和林内降水三部分。对于复层结构的森林，降水经过林冠截留后，大部分的雨水透过林冠落到林下木本或草本覆盖层上，出现了与林冠层相似的截留过程。

降水通过地上层后，到达地表层。森林的地表层主要是枯枝落叶。枯枝落叶有着较强的蓄水能力，一般来说，枯落物越厚，蓄积量越大，枯落物层的吸水量也越大。

降水通过地上层和地表层后进入林地土壤层。林地土壤层是大气降水的主要蓄存库和调节器，在森林水循环中有着重要的作用。森林土壤的蓄水能力依林分类型、土壤类型、土壤层次等因素的不同而不同。不同林分类型，土壤层的物理性状不同，其蓄水功能大小也不同，比如，乔木林地土壤蓄水能力优于灌木，优于草地，阔叶林林地土壤蓄水能力优于针叶林。

据统计，在雨季，茂密的大森林树冠可以截住近半数的降水量；另有三分之一的降水被地面生长的其他植物以及枯叶等吸收；其余的一小部分在地面蒸发。每平方千米的森林可以蓄积5~10吨水，降雨的强度越小，被森林截住并贮存的水就越多。

可见，森林中的植物各尽所能，就可以大大削弱雨水对地面的冲击和侵蚀，从而达到保持水土、涵养水源的作用。

绿色空间

世界上最大的原始森林——亚马孙热带雨林

亚马孙热带雨林位于南美洲的亚马孙平原，占地700万千米^2。雨林横贯8个国家：巴西、哥伦比亚、秘鲁、委内瑞拉、厄瓜多尔、玻利维亚、圭亚那及苏里南，占据了世界热带雨林面积的一半，森林面积的20%，是全球最大、物种最多的热带雨林。

爱护花草树木

4. 森林是如何调节气候的

　　夏天的时候，当我们走进森林，会感觉非常舒适、清爽，这是怎么回事呢？原来，森林能在林中形成一种特殊的小气候。

　　当地面有森林覆盖的时候，地面就不会受到太阳的暴晒，而且，森林中大量水分在蒸腾过程中，会吸收周围的热量，降低气温。所以，森林中夏季的气温一般要比当地城市低几摄氏度。森林像顶伞一样遮盖着下面的土地，使森林里的热量不会一下子散发到空气中去而迅速地降低温度，所以，当无林区很冷的时候，森林里仍然较暖和。

森林能减低地表风速，提高相对湿度。林地的枯枝败叶能阻碍土壤中水分的蒸发，因此森林比光秃的土地水分蒸发要慢得多，从而保持了森林中较高的湿度。在干旱的季节里，储藏在森林地下的水，一部分可以经过树根的吸收、树叶的蒸腾，回到空气中，又变成雨，再降落下来。所以，林区的空气湿度一般比无林区要高，雨量也比无林区丰富。

据测定，夏季森林里气温比城市空旷地要低2℃～4℃，而相对湿度则高15%左右。在城市，大公园气温比空旷地低2℃，小公园气温比空旷地低1℃。

除此以外，森林对邻近地区的气候也有较大的影响。林区附近的地区，气温变化和缓，温度较高，降水较多。

看来，称森林为"气候的调节器"一点也不夸张。

绿色空间

大兴安岭原始森林

美丽的大兴安岭原始森林总面积达730万公顷，全长1200多千米，宽200～300千米，海拔1100～1400米，是我国面积最大的林区，林木蓄积量达5.01亿米³，木材储量占全国的一半。林中野生植物有1000余种，有许多优质的木材，如红松、水曲柳、落叶松、白桦、山杨等，有"绿色宝库"之美誉。

爱护花草树木

5. 野生动物的乐园

　　森林不仅为野生动物提供丰富的食物，还为它们提供了良好的生活环境。全世界有500万到3 000万种动植物，其中大约有三分之二生活在森林中。这也是称森林为"野生动物的乐园"的原因之一。

　　生物学家发现，森林中的植物越繁杂，提供的食物越多，生存条件也越好，动物的种类也越丰富。比如，我国东北地区由于气候寒冷而干燥，森林中的植物种类较为单一，因此，林中动物的种类和数量较少。而巴西热带雨林地区，气候温暖，森林中的植物较为繁杂，所以，林中动物的种类和数量丰富。

　　森林中的野生动物与大森林关系密切。以鸟类为例，90%的鸟类以昆虫为食，许多益鸟是庄稼、树木的卫士，是害虫的天敌。100条害虫十几天便可以吃光

一棵大松树的树叶，而一对
大山雀一天可以吃400多条虫子。
如果没有这些益鸟，害虫就会泛滥成灾。
在地球上，森林中的植物和动物，实际上是一个互相依赖的
"生物圈"，谁也离不开谁。

目前，由于人们对森林的破坏，许多野生动物失去了
赖以生存的环境，面临着灭绝的危险。据有关统计，世界上
已有多种动物处于灭绝边缘或遭受着严重的威胁。以中国为
例，中国的动植物物种种类已有20%受到严重威胁，高于世
界10%的水平，在国际公认的640个濒危野生动物中，中国占
了156个。

这些野生动物从走向濒危到消失，绝大多数都与人类有
着密不可分的关系，它们有的是因为栖息地和家园被人类开
发和活动破坏而失去了安身之地；有的是因为人类为了满足
私欲，对它们恶意地进行大肆捕杀……

不管怎样，因为人类的发展和活动，致使很多生物从地
球上永远地消失了。所以，保护野生动物，关键是保护好野
生动物栖息的乐园——森林。

爱护花草树木

6. 森林的死敌——火

森林火灾，是指失去人为控制，在林地内自由蔓延和扩张，对森林、森林生态系统和人类带来一定危害和损失的林火。它是森林的大敌，一场火灾在旦夕之间就能把大片苍翠茂密的森林化为灰烬，给人类造成严重损失，同时林地失去了森林的覆盖，容易造成水土流失，容易发生水旱风沙等灾害。在居民区、农田、山林交错的山区发生了森林火灾，还会烧毁房舍、粮食、牲畜，影响人们生产、生活。森林火灾还会烧死林中的大量益鸟、益兽和烧毁各种林副产品。

尽管人们知道森林火灾的危害和后果，这种悲剧却时时上演。据统计，全世界每年发生森林火灾22万起，烧毁森林640万公顷以上。据测定，印度尼西亚森林大火释放出的二氧化碳总量已经超过了西欧所有汽车和电站一年排出的二氧化碳的总和，造成的经济损失达到200亿美元以上。

历年来，美国是全球森林火灾发生次数最多的国家之一。2001年8月，美国西部11州连续遭到热浪袭击，导致发生了大小1 000多起森林火灾，烧毁森林达520万公顷。

森林火灾为什么禁而不绝，甚至在一些地方愈演愈烈？

这就需要探究森林火灾发生的原因。一般来说，森林火灾不外

乎自然原因和人为原因两种。自然原因中，有雷电触及林木引起树冠燃烧而引发火灾；在干旱季节，由于阳光的辐射强烈，使林地腐殖质层或泥炭层发生高热自燃等。这类性质的森林火灾发生率仅占少数，而最普遍的森林火灾是由人为原因引起的。人为原因中又有生产性和非生产性火源之分。生产性火源如烧荒等用火不慎引起的森林火灾占70%以上，非生产性火源如在林中烧火取暖、煮饭、玩火、夜间行路用火把照明、乱丢烟头等。

一千克木材可以加工成千上万根火柴，而一根火柴却能毁灭成千上万棵树木。这句话生动地描述了杜绝人为火源对预防森林火灾的重要性。

面对森林火灾，最好的方法就是预防。只有做好预防工作，防微杜渐，才能把森林火灾的发生降低到最低限度。这就需要我们每个人加强防火意识。

■伤痛的角落■

大兴安岭特大森林火灾

1987年5月6日，中国大兴安岭地区突发特大森林火灾，大火肆虐27个昼夜，吞没70多万公顷森林，3个城镇变成废墟，193人丧生火海，6万人无家可归，几百千米的铁路线、2 488台各种设备、325万千克粮食、61.4万米^{2}房屋在大火中灰飞烟灭。

爱护花草树木

7. 森林的灾难——乱砍滥伐

在人类历史发展的初期，地球上一半以上的陆地披着绿装，森林总面积达76亿公顷。1万年前，森林面积减少到62亿公顷，占陆地面积的42%。19世纪初减少到55亿公顷，但无论在欧洲、美洲还是亚洲、非洲，依然到处都能见到森林。

自19世纪中期，约在1852年之后，森林遭到了前所未有的破坏，欧洲的森林被酸雨侵蚀，西伯利亚的大片森林成了耕地。在过去20年，阿富汗已经失去了超过70%的森林，而全世界的热带雨林因被破坏所造成的影响最为突出。

根据联合国粮农组织的报告，全球森林面积正以每年730万公顷的速度减少。目前，非法采伐已经成为森林消失的主要原因。

以我国黄土高原为例，早在西周时期，黄土高原的森林面积达32万千米^2，覆盖率约为53%。到了秦朝至南北朝时期，森林覆盖率超过40%。公元13世纪，成吉思汗途经黄土高原时，他极力称赞黄土高原景色如画，风景优美。可是，由于人类对森林的乱砍滥伐，加上战争和自然灾害的影响，如今黄土高原的森林覆盖率只有5%了。

联合国粮农组织发表报告称，在2000年到2005年期间，巴西减少森林面积310万公顷，意味着巴西的森林面积每年减少0.6%。

森林破坏给我们带来了严重的恶果：水土流失，风沙肆虐，气候失调，旱涝成灾……

森林与人类息息相关，是人类的亲密伙伴，是全球生态系统的重要组成部分。破坏森林就是破坏人类赖以生存的自然环境。

我们应该牢记，保护森林就是保护自己的家园。不仅要保护好现有的森林资源，把利用自然资源和保护环境结合起来，同时还要大规模植树造林，绿化大地，改变自然面貌，改善生态环境。

■伤痛的角落■

假如没有了森林

假如没有森林，水土就会流失，土地就会变成沙漠，人类将没有食物，没有居住的地方；假如没有森林，沙尘暴和暴风雨就会时常光临，迎接人们的将是漫天的黄沙和肆虐的风雨；假如没有森林，鸟儿失去了家园，野兽失去了栖息之地，世界上显得死气沉沉，毫无生机……

爱护花草树木

8. 一张纸与一片森林

纸是我们再熟悉不过的东西，它分为许多种，薄的、厚的；软的、硬的；白色的、彩色的；报纸用纸、杂志用纸；以纸为原料的包装盒……各种形式不同的纸以及纸制品是人们日常生活中必不可少的东西。这些东西与森林有着怎样的关系呢？

经科学测定，每回收再利用1吨废纸，可以节省20棵3～4年的树木。如果一个城市一年丢弃上万吨废纸，就相当于浪费了20万棵树木，20万棵树木已经相当于一片森林了。看来，一纸之费所换来的，将是自然资源的消失殆尽与环境永无休止的恶劣。由此可见，将废纸回收再生产、再利用是保护森林资源非常重要而且必要的措施。

你可能会问，之所以称之为废纸，就是因为它已经用过了，回收回来做什么呢？

其实，废纸的用途非常多，如果用废纸制造再生纸，不仅能产生客观的经济效益，还能产生极大的社会效益。

再生纸就是以废纸做原料，将其打碎、去色制浆后再通过高科技手段加工出来的纸张。

为什么提倡使用再生纸呢？

再生纸的80%原料来源于回收的废纸，因而被誉为低能耗、轻污染的环保型用纸。使用再生纸的好处非常多，可以分为以下几个方面。

保护森林资源

根据造纸专家和环保专家提供的资料表明：1吨废纸壳

037

爱护花草树木

可生产品质良好的再生纸850千克，节省木材3米³，相当于26棵3～4年的树木。按照北京某造纸厂生产2万吨办公用再生纸计算，一年可节省木材6.6万米³，相当于保护52万棵大树或者增加5 200亩森林。如果把今天世界上所用办公纸张的一半回收利用，就能满足新纸需求量的75％，相当于800万公顷森林可以免遭砍伐。

节约资源，减少污染

1吨废纸再造成再生纸，可以节省化工原料300千克，节省煤1.2吨，节省水100吨，节省电600度，减少35％的水污染，并可以减少大量排出的废弃物。

保护眼睛

科学家发现，越白的纸在日光灯下反射的光越强，对人的视力容易造成伤害。按照国际通用标准，纸张的白度不得高于84°，原木浆纸的白度为95°～105°，而再生纸的白度为84°～86°，这个亮度非常接近人眼适合的亮度。

所以，使用再生纸就是用心灵为绿色城市做贡献，是为子孙后代留一片绿洲。虽然再生纸不会消耗新的树木资源，但是，废纸的再生过程也会产生大量的有害废弃物，并且再生过程中纸张的物质性能也是不断递减的。所以，延长纸张的使用寿

命非常重要。

如果将纸的使用寿命延长一倍，相当于减少了一半纸张再造所带来的废物及其对环境的影响。比如，写字用的纸，如果在双面都写字，就相当于延长了纸张的使用寿命，同时，纸张的使用量也会减少一半。双面用后的纸张再回收相当于挽救了一定量的用于造纸的树木，同时也减少了造纸时废物的排放。

另外，废纸不仅可以生产再生纸，还有许多其他用途，比如，美国一位科学家将废报纸屑和鸡粪按照一定比例混合，将得到的混合物掺进硬质土中浇水。三个月后，土壤的质地变得非常松软，适合许多作物的生长。科学家已经准备将这次试验的成果应用于改善贫瘠的土壤。有的国家还将废纸作为农作物的肥料，用于农作物生长。

看来，废纸并不是许多人眼中一名不文的废物，而是神通广大的宝贝，只要应用得当，它们就能发挥更大的效用。

日常生活中，卫生纸的使用频率非常高，用途也非常大。但是，这种纸与其他纸的不同之处就是不能回收再利用。因此，在卫生纸的制造过程中用废纸做原料既可以减少垃圾，又可以保护木材资源，是更环保的选择。

比如，日本生产的卫生纸，只有约30％是由天然纸浆制造的，而由废纸浆制造的占到了70％。在欧洲，几乎所有的卫生纸都是由废纸浆制造而成。

一般来说，天然纸浆做成的卫生纸的包装上会标注"天然纸浆制造"的字样，这种纸和废纸浆制造的卫生纸，质量

爱护花草树木

几乎没有差异，而废纸浆制造的卫生纸在价格上比天然纸浆制造的卫生纸便宜得多，性价比更高。

通常情况下，回收材料制造的卫生纸大多做成灰色，而原材料做成的纸浆颜色要白一些。所以，许多人在认识上存在着更白、更贵的天然纸浆制造的卫生纸质量更好的误区。其实，废纸浆做成的卫生纸也是可以漂成白色的，只因漂白废纸时使用的一些药品可能会污染环境，所以才省略了这个程序。

所以，尽量使用回收材料制作的卫生纸，也是为环保尽一份力。

■绿色加油站■

节约用纸，有你同行

造纸的原料主要来自森林，浪费纸张与破坏森林无异。所以，为了保护宝贵的森林资源，就从节约用纸开始吧！当你使用木制易耗品的时候，不妨做出以下改变。

（1）在家里擦手可用毛巾，少用餐巾纸。

（2）在外面吃饭用餐巾纸擦嘴时，尽量将纸充分展开，减少用纸的张数。

（3）喝水用茶杯，不用一次性纸杯。

（4）方便筷或竹签使用后可以回收利用，做成工艺品。

（5）废报纸、废书可以回收，不要随便扔掉。

（6）将旧练习本中未用完的纸张装订起来，做草稿本。

（7）节约用纸，把草稿纸写满，不要只写几个数字就扔掉。

（8）在废报纸上练习写毛笔字和画国画。

（9）有些包装纸，可以做成手工艺品。

9. 一次性筷子的背后

　　我们在饭店用餐或者订购盒饭的时候，经常使用"一次性筷子"，这种筷子也叫"卫生筷""方便筷"。殊不知，这种所谓的"方便"就是用完就扔，这是一种巨大的资源浪费。下面让我们深入地挖掘一次性筷子背后的故事，也许当你再次拿起一次性筷子准备使用的时候，你的脑海中会是另一番景象。

　　一次性筷子是用杨木、桦木、毛竹制成的，而且大多以原木加工而成。据统计，一棵生长30年的杨树能加工成5 000双一次性筷子。在中国，仅生产一次性筷子这一项，每年消耗木材500万米^3，占全国林木年采伐量的10.5％。也就是说，伐木工人一年中伐下的所有木材，有1/10被做成了一次

爱护花草树木

性筷子。想一想，在付出了破坏环境的巨大代价后，一次性筷子还能给我们带来什么呢？

由于一次性筷子大量使用，导致大片的树木被砍伐，随之而来的是一连串的连锁反应，水土流失严重，泥石流频发，洪水肆虐，人们生活的家园被破坏。

随着时代的发展，人们开始重视自己的生存环境，有识之士提倡的环保理念也被人们所接受。作为最早使用筷子的中国人，许多人开始改变以往的用餐习惯，无论外出用餐还是旅行，他们总是自备一双筷子上路，自称为"筷乐一族"。这种做法既卫生又环保，值得每个人效仿。

■绿色加油站■

欢迎加入 "筷乐一族" 的行列

由于传统的木筷子较长，不方便携带，不妨使用如今市面上比较时尚的一款可伸缩的金属筷子。这种筷子可拉长，可缩短，配备体积较小的盒子，用完后放进盒子里，既方便又美观，最重要的是非常环保。拯救人类的生存环境需要我们的共同努力，从现在起，你和你的朋友一起加入"筷乐一族"的行列吧，因为你的举手之劳，就可以挽救许多棵大树的命运。

三 守疆固土的绿色长城——防护林

在公路两旁，农田四周，村庄前后，一排排、一行行高耸挺立、枝繁叶茂的防护林带，长年累月、日日夜夜守护着农田、公路、村庄、海岸线……英勇无畏地抵御着风沙的侵袭，守卫着地球的各个角落。

1. 为什么在农田附近种树

大面积的农田附近，我们总能看到一排排整齐的树木，这些树木被称为防护林。那么，在农田附近种树有什么用处呢？

爱护花草树木

043

阻挡大风对庄稼的侵袭

气流在运行过程中，遇到林带的阻挡后，会使林带附近风速降低，气流密度加大，迫使一部分气流由林带上方越过，越过林带屏障时和树枝摩擦使能量减弱。一部分进入林带的气流，也改变了原来的结构，原来较大的涡流，被林地的空隙过滤，分散成许多方向不同、大小不等的小旋涡，它们彼此互相摩擦撞击，并和树干、树叶摩擦而消耗了能量，从而削弱了风力，降低了风速。

使周围土地变肥沃

树上的枯枝落叶落到地面，经微生物的分解后，成为土壤的一部分，从而使土壤变得肥沃，非常有利于庄稼的生长。

调节农田小气候

农田林带能够减少近地层气温和土壤温度的变化幅度，对水资源状况如蒸发、湿度、水平降水等产生影响，调节林带内部及附近的温度、湿度条件，为庄稼提供良好的生长环境。

确保增产增收

农田防护林能够有效改善农业生态环境，优化作物生长条件，增强庄稼抵御干旱、风沙、干热风、冰雹、霜冻等自然灾害的能力，以保证粮食稳产高产。

由此可见，防护林称得上是农田的守护者，有了它们的存在，庄稼才能在土地中健康生长。

爱护花草树木

2. 防护林还出现在什么地方

防护林并不只有农田附近有，我们还能在其他地方发现防护林的身影，比如，马路边，海岸边，沙漠边缘，等等。防护林是乔木或灌木为主体的天然林或者人工林。人们根据防护林不同的防护作用，将之分为不同的种类。通常情况下，防护林分为以下七种。

水源涵养林

水源涵养林是指以调节、改善水源流量和水质的一种防护林，也叫水源林。它是涵养水源，改善水文状况，调节区域水分循环，防止河流、湖泊、水库淤塞，以及保护可饮水水源为主要目的的森林、林木和灌木林。主要分布在河川上游的水源地区，对调节径流，防止水、旱灾害，合理开发、利用水资源具有重要意义。

水土保持林

水土保持林是指为减少水土流失而营建的林带。它主要用于调节降水和地表径流，通过林中乔、灌木林冠层对天然降水的截留，从而改变降落在林地上的降水形式，削弱降雨强度和其冲击地面的能量。据测定，防护林可截留降水20%左右，大大削弱了雨滴的冲击力；如果地表有1厘米厚的枯枝落叶，就可以把地表径流量减少到裸地的1/4以下。

防风固沙林

防风固沙林是指以降低风速，防止或减缓风蚀，固定沙地，以及保护耕地为主要目的的林带。

护路林

护路林指的是在道路两旁，为防止飞沙、积雪以及横向风流等对道路或行驶车辆造成有害影响而种植的林带。

护岸林

护岸林是指栽种在渠道、河流两岸使河岸免受河水冲刷的防护林。

爱护花草树木

海防林

海防林是指为阻止海浪肆虐而栽种在海边的防护林。海防林在防灾抗灾、护岸固沙、维护生态、美化景观等方面发挥着极其重要的作用，是建设绿色之岛的第一道防线。

环境保护林

环境保护林是以净化空气、防止污染、降低噪音、改善环境为主要目的林带。环境防护林可增加空气湿度，一株成年树，一天可蒸发400千克水，使树林中的空气湿度明显上升。据统计，城市绿地面积每增加1%，当地夏季的气温可降低0.1℃，宽30米的林带可降低噪音6～8分贝。

绿色空间

塔里木沙漠公路绿化工程

2005年6月，一条长436千米、宽72～78米、横贯被称为"死亡之海"的新疆塔克拉玛干沙漠南北的绿化带初步建成。这条绿化带建在塔里木沙漠公路两侧，对保护沙漠公路、改善生态环境、拉动南疆经济的发展都具有重大意义。

3. 一棵树的生态价值

你知道一棵树的生态价值吗？印度加尔各答农业大学德斯教授对一棵树的价值进行了计算：一棵50年树龄的树，累计可产生的氧气价值约31 200美元；吸收有毒气体、防止大气污染价值为62 500美元；为鸟类及其他动物提供繁衍场所价值为31 250美元；涵养水源价值为37 500美元；增加土壤肥力价值为31 200美元；产生蛋白质价值为2 500美元。除去花、果实、木材价值，总计创造价值为196 000美元。

这一计算结果是否精确姑且不论，就树木的实用价值而言，却是显而易见的。事实上，树木的价值是无形的，其在生态和环境上的价值远远超过其木材本身的价值。

也许，上面的数字较为枯燥，不能使你深刻地理解一棵树的价值。那好，我们将1棵树换为1亩树木，它会给你带来哪些不同的感受呢？

一亩树木，一昼夜能分泌2千克杀菌素；每天能吸收67千克二氧化碳，呼出49千克氧气，足够65人呼吸之用；一年可吸附灰尘22~60吨；一天能蒸发水分1~2吨，能有效地调节气候和湿度；比一亩无林地多蓄水20吨；可保护100亩农田免受风灾侵害。

爱护花草树木

由此可以看出，树木王国对人类是多么重要。特别是在人类赖以生存的环境日益恶化的今天，显得更加重要。

为了我们人类的生存，让我们爱护树木，爱护树木王国，爱护大自然吧！

绿色空间

独木也成林

"独木不成林"是人们常说的一句话，但是，这句话并不适用所有的树木，榕树就是一个特例。榕树是一种生活在热带的常绿大乔木，它不仅树冠非常大，而且树枝悬挂在半空中，可以吸收空气中的水分。一棵大榕树，支柱根可多达4 300多条。正因为支柱根林立，所以树冠可以不断地向四周扩展，远远望去，像一片森林。

爱护花草树木

4. 防护林的中坚——乔木和灌木

一般而言，乔木就是我们平常见到的大树，它高大而粗壮，高3米以上，有明显的主干，树干部分木质化了。常见的乔木有香樟树、杨树、柳树、松树、杉树、棕榈等。

灌木是没有明显的主干、呈丛生状态的树木，多呈树丛状，主茎不发达，丛生而矮小。常见的灌木有玫瑰、杜鹃、牡丹、小檗、黄杨、沙地柏、铺地柏、连翘、迎春、月季、荆、茉莉、沙柳等。

乔木和灌木作为防护林的中坚代表，在营造防护林时应该遵循乔木与灌木结合的原则。具体选用哪些树种作为主体树种，应该从以下几个方面考虑。

（1）选择经济、观赏价值高、有利于环境卫生的树种；

（2）选择与当地环境条件相适应的树种；

（3）选择对有害物质抗性强或净化能力强的树种；

（4）选择便于管理，当地产、价格低、补植移植方便的树种。

■绿色天使■

世界上最高的树

　　北美洲的世界爷树高142米，已令人叹为观止，而澳大利亚的杏仁桉最高的竟达156米，更加令人难以置信了。如果举办世界树木高度竞赛的话，那只有杏仁桉树才有资格获得冠军。在人类已测量过的树木中，它是最高的。鸟在树顶上歌唱，在树下听起来，就像蚊子的嗡嗡声一样。

爱护花草树木

5. 植树造林，从现在开始

在中国，植树有着悠久的历史。

远古时期，人们就有在春天植树的习俗。《山海经》

中记载着"夸父追日"的传说：夸父临死前扔掉手中手杖，手杖化为森林，造福于人类，反映了远古居民植树造林的美好愿望。公元前五帝时代，舜帝便设立了九官之一的"虞官"，这是我国历史上最早的"林业部长"。秦始皇统一中国后，曾下令在道旁植树。隋炀帝在公元605年下令开河挖渠，诏令民间种植柳树，每种活一棵，就赏细绢一匹。唐朝规定，凡驿站之间的道路两旁都种上树。宋朝时期，宋太祖对率领百姓植树有功的官吏，晋升一级。元朝时期，元世祖忽必烈颁布《农桑之制》十四条，其中规定，每丁岁种桑、枣二十株。明代，明太祖以农桑为国之本业，令天下广植桑、枣、柿、栗、桃，仅京都金陵的钟山，就种了50余万棵。清朝前期，清政府也要求地方官员劝谕百姓植树，禁止非时采伐和牛羊践踏及盗窃之害。在我国近代，最早提倡植树造林的是伟大的民主先行者孙中山。1915年，他倡议每年清明节为我国植树节。

新中国成立后，党和政府极为重视植树造林，将绿化中华列为"功在当代，利在千秋"的伟大工程。1979年2月经第五届全国人大通过，正式把每年的3月12日定为植树节。

对于我们来说，植树造林的意义重大。

首先，植树造林可使水土得到保持。哪里植被覆盖率低，哪里每逢雨季就会有大量泥沙流入河里，把田地毁坏，使河床增高，把入海口淤塞，危害极大。要抑制水土流失，就必须植树造林，因为树木有像树冠那样庞大的根系，能像巨手一般牢牢抓住土壤。

其次，植树造林能防风固沙。风沙所到之处，田园会被埋葬，城市会变成废墟。要抵御风沙的袭击，必须造防

爱护花草树木

055

护林，以减弱风的力量。风一旦遇上防护林，速度要减弱70%～80%。如果相隔一定的距离，并行排列许多林带，再种上草，这样风能刮起的沙砾也就减少了。

再次，植树造林能清除环境污染。据统计，一亩树林一年可以吸收灰尘22～60吨，一个月可以吸收有毒气体二氧化硫4千克；一亩松柏林一昼夜能分泌2千克杀菌素，可杀死肺结核、伤寒、白喉、痢疾等病菌。

植树造林还能减少噪音，美化环境，保持生态平衡，为人类提供理想的学习、工作、娱乐和生活的场所。

植树造林的好处说不完，我们一定要积极投身到造林大军中去，用汗水浇绿祖国的山河。

■绿色时间■

设立植树节的目的

"植树节"是为了动员全民植树而规定的节日。按时间长短可分为植树日、植树周或植树月，总称植树节。通过这种活动，激发人们爱林、造林的感情，提高人们对森林功用的认识，促进国土绿化，达到爱林护林和扩大森林资源、改善生态环境的目的。我国的植树节定于每年的3月12日。

 **绿色生态保护屏**

——草原

　　大自然是五彩斑斓的，但只有绿色，才是生命的象征。绿色，是人类的摇篮。地球上如果没有了绿色，就如同沙漠里没有了绿洲，地球和人类社会的一切，都将化为乌有。"天苍苍，野茫茫，风吹草低见牛羊。"这是人们对草原的由衷赞美，草原作为绿色的集合体之一，对地球生态意义非凡，它不仅可以为人类提供物质和能量，还具有较强的固沙防风、涵养水源、保持水土、净化空气等生态功能，因其占地广阔，分布广泛，被誉为地球的绿色生态保护屏。

1. 地球的绿化带

　　草原是以草本植物为主，可为家畜、野生动物提供生存场所的地区。它主要分布在欧亚大陆温带区域，自多瑙河下

爱护花草树木

游起向东经罗马尼亚、俄罗斯和蒙古，直达我国东北和内蒙古等地，构成世界上最宽广的草原带。北美中部的草原带面积也较宽广。此外，南美阿根廷等地亦有草原分布。世界上主要的大草原有欧亚大陆草原、北美大陆草原、南美大陆草原等。世界上许许多多的草原组合在一起，形成了地球的绿化带。

地球上的草原总面积约为2966万千米^2，占陆地总面积的24%。中国的草原资源也非常丰富，拥有各类天然草

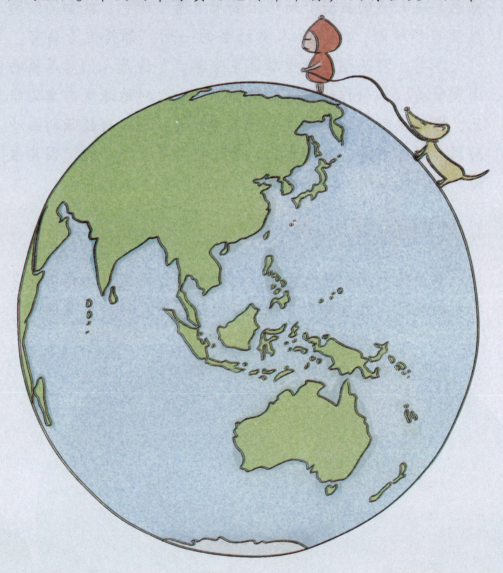

原近4亿公顷，占世界草原面积的13％，占我国国土面积的41％，是我国面积最大的陆地生态系统。

草原属于自然资源的一种，是具有多种功能的自然综合体。根据生物学和生态特点，草原可以分为以下几种类型。

草甸草原

草甸草原是森林向草原过渡的一种植被类型。由于此类草原所处的地区气候适宜、雨水适中，在没有人工灌溉的条件下，也能生长多种优良牧草，所以由多年生丛生禾草及根茎性禾草占优势所组成的草原植被非常茂盛，植物群落的高度可达到40~50厘米，是良好的天然放牧场和割草场。这类草原的植物种类非常多，一般每平方米内有不同植物35种，其中多数是对水分条件要求较高的种类，如贝加尔针茅、地榆、黄花、日阴菅等。草甸草原主要分布在平坦的洼地和北向的坡地上。

平草原

平草原的地区属于温带半干旱大陆性气候，降水量为250~450毫米。植物群种以丛生禾草为主，主要有针茅、羊草、隐子草等，伴有中旱生杂类草及根茎苔草，有时还混生旱生灌木或小半灌木。在我国，平草原主要分布在呼伦贝尔高原西部、锡林郭勒高原大部及鄂尔多斯东部等地。

爱护花草树木

荒漠草原

在干旱气候条件下，由非常稀疏的真旱生的多年生草本植物为主，同时混杂有大量旱生小半灌木所组成的植被类型，称为荒漠草原。它是草原向荒漠过渡的一类草原，也是草原植被中最干旱的草原。荒漠草原年降水量一般只有200毫米左右，蒸发量超过降水量的数十倍。如果没有地下水的补给，往往成为不毛之地。只有当地面有细沙覆盖，使微量雨水不被立即蒸发失散时，才可能有一些生长期短、耐旱和喜生于沙石之间的草本植物和灌木生长。荒漠草原的植物种类单调，植物多具有明显的旱生性，叶子极度弱化，变成棒状或针状。很多植物为了减少蒸发而气孔下陷，角质层加厚；还有一些植物的营养器官变为肉质，能自身储存水分。大部分植物的叶片上密生灰白色绒毛，以节状的新枝进行光合作用。在我国，荒漠草原主要分布在内蒙古西部和新疆部分地区。

高寒草原

高寒草原一般分布在海拔4 000米以上。高寒草原地区气候寒冷而潮湿，日照强烈，紫外线作用增强，空气稀薄，土壤温度高于空气温度，昼夜温差极大，年平均温度不到1℃，植物生长季短，年降水量约400毫米，相对湿度70%以上。这里的植物多低矮丛生，叶面积缩小，根系较

浅，植株形成密丛。植被种类有以营养繁殖为主的多年生草本、垫状小灌木或垫状植物。如针茅属紫花针茅、座花针茅，以及克氏羊茅、假羊茅，还有莎草科硬叶苔草，小半灌木有藏籽蒿、藏南蒿、垫状蒿等。我国高寒草原主要分布在青藏高原中部和南部、帕米尔高原及天山、昆仑山和祁连山等亚洲中部高山。

爱护花草树木

绿色空间

非洲热带草原

　　非洲热带草原是世界上面积最大的热带草原区。草原上大部分是禾本科草类，草高一般在1～3米之间，大都叶狭直生，以减少水分过分蒸腾。草原上稀疏地散布着独生或簇生的乔木，叶小而硬，有的小叶能运动，排列在避光的位置。树皮很厚，有的树干粗大，可贮存大量水分以保证在旱季能进行生命活动。代表树种是金合欢树、波巴布树等。

2. 草原的生态功能

草原对地球的生态环境与生物多样性保护方面具有极其重要和不可替代的作用。尤其在防止土地的风蚀沙化、水土流失、盐渍化和旱化等方面，草原的作用往往是其他生态系统所不及的。

草原的生态作用表现在以下几个方面。

保持水土，改善土质

草原中的植物根系发达，将土壤紧紧缠绕在一起，在地面形成土壤保护层。当雨水降临时，使草地下的土壤免于被雨水冲走，起到保持水土的作用。细根本身还可在土壤中形成许多小通道，有助于水分的流通。此外，草根腐烂后，增加了土壤有机质，土壤肥力的提高又促进植被的繁茂，从而形成良性循环。

防风固沙

古语有"寸草遮丈风"之说，草原中的各种植物聚集在一起，形成茂密的植被，植被使地表粗糙度增加，当地面风吹过时，降低了风的速度。所以，茫茫草原可以阻挡土壤免遭风蚀，起到防风固沙的作用。

爱护花草树木

涵养水源

草地土壤表面分布着许多的小孔隙，降雨落到地面后，水滴可通过小孔隙渗入土壤内，渗入土壤内的水汇聚起来变成地下径流，逐渐汇入江河中，不仅降低降雨后河流洪峰，而且提高了枯水期流量。草原涵养水源的作用与森林有异曲同工之妙。

净化空气

草原植被可以吸附尘埃，减少地面飞尘、减缓噪声、释放负氧离子，从而起到改善环境、净化空气的作用。

调节局部小气候

草原植物在生长过程中，从土壤吸收水分，通过叶面蒸腾，把水蒸气释放到大气中，能提高空气的湿度，减缓地表温度的变幅，增加水循环的速度，从而影响大气中的热交换，起到调节小气候的作用。

除了生态环境的重要作用外，草原还养育了各种动物，比如鼹鼠、狼、黄羊等，还有各种各样的昆虫，这些都是人类的衣食之源。由此可知，草原对人类的贡献不言而喻。

绿色空间

呼伦贝尔草原

呼伦贝尔草原位于大兴安岭以西，由呼伦湖、贝尔湖而得名。地势东高西低，海拔在650～700米之间，总面积994万公顷。这里是我国目前保存最完好的草原，水草丰美，有"牧草王国"之称。

3. 什么是草原沙化

草原沙化指草原靠近边缘的干旱地区，在人为因素和自然因素的影响下，逐步演变为沙漠地带的过程。中国草原沙漠化面积占总面积的58%，沙化主要发生在农牧交错区和半农半牧区。在人们心中，曾经"天苍苍、野茫茫，风吹草低见牛羊"的大草原是多么的让人心生向往。然而，如今许多草原已经不见了往日的美景，取而代之的是裸露着黄土的地面。

茫茫草原是如何沙化的呢？

草原生态环境不断恶化的原因是多方面的，除人口增

爱护花草树木

加、气候变化、自然灾害等自然因素影响外，人为破坏是导致草原生态恶化的主要原因：盲目开垦后又撂荒草原。自20世纪50年代以来，我国累计开垦草原1 930万公顷，其中有近50%因生产力逐年下降而被撂荒成为裸地或沙地。乱采滥挖草原野生植物对草原生态也造成了巨大破坏。据测算，每挖1千克甘草要破坏8～10亩草原，每采集1千克发菜要破坏200～300亩草原。

另外，为了追求经济利益，草场超载、过度放牧、开矿是导致草原沙化的重要原因。目前，我国90%的可利用天然草原不同程度地退化，每年还以200万公顷的速度递增，草原过牧的趋势没有根本改变，乱采滥挖等破坏草原的现象时有发生，荒漠化面积不断增加。

草原退化对人类环境的影响主要表现为沙尘暴。它已成为中国的一个跨地区、跨国界的大气环境问题。沙尘暴引起的大气环境问题，降低了受影响地区的生活质量，威胁着受影响地区的人体健康和生命安全。除此以外，水土流失严重、降雨减少、自然灾害频繁等也是草原沙化带来的严重后果。

值得庆幸的是，保护草原环境早已不再只是专家学者们的呼吁，保护草原的紧迫感已成为全社会的共识，国家已采取具体措施依法加强对草原的监督和管理，引导农牧民合理利用草原，保护草原建设成果，逐步解决草原生态恶化问题。

　　所以，保护草原，防止草原进一步沙化，是每一个人的责任。不要为了我们这一代人的生活，而牺牲了下一代人的生活。要给后人留下草原，留下碧水蓝天！

■绿色天使■

固沙先锋——沙拐枣

　　沙拐枣有很强的适应环境的能力，生根、发芽、生长都很快，在沙地水分条件好时，一年就能长高两三米，当年即能发挥良好的防风固沙能力。在大风沙条件下，它们有"水涨船高"的本领——生长的速度远超过沙埋的速度，即使沙丘升高七八米，它也能在沙丘顶上傲然屹立，绿枝飘扬。因此，人们选用它作为防风固沙的先锋植物。

4. 草原与草原狼

自古以来，人们对狼就没有好印象，将之视为凶残、狡猾的综合体。甚至小学课本中也将狼描述为"吃人的坏蛋"，从大家耳熟能详的"东郭先生和狼""狼来了"的故事可以得到印证。还有，一些关于狼的成语，也将狼摆到了人的对立面，比如，狼狈为奸、狼心狗肺等。

诚然，狼本性凶残，这是大家都认可的。不过，如果从生态的角度来看，狼并不是一无是处，相反，它在生态环境中所起到的作用，可以说是无可替代的。

要想理清这个问题，我们先从食物链说起。

"食物链"的概念是英国动物生态学家埃尔顿首次提出的。一般来说，食物链是指各种生物通过一系列吃与被吃的关系，将它们紧密地联系起来，这种生物之间以食物营养关系彼此联系起来的序列，就像一条链子一样，一环扣一环，在生态学上被称为食物链。

草原是一个伟大的母亲，养育着她的子民们，这些生物组成了一个庞大的生物王国，形成了环环相扣的食物链，它们彼此依存，与草原共同生存了几万年。草原食物链就是指草原中各种生物形成的链条关系。比如，草原狼吃狐狸，狐狸吃老鼠，老鼠吃草籽，这就是一个包括三个环节的食物链。当然，食物链并不是仅在草原中存在，比如我们常说的"大鱼吃小鱼，小鱼吃虾米，虾米啃紫泥"，这就是河塘中的一个典型的食物链。

由于自然生态中的食物链环环相扣，在动态发展过程中形成了一个无形的链圈，链圈中任何一个环节出现问题，其他环节也会出问题。

我们回到草原狼身上来，因为狼也吃田鼠、黄羊等草原上的大害，才使得草原上没有太多的田鼠、黄羊，这样也保住了绿草，使得牛羊有充足的食物来源。牛壮羊肥，人民才能安居乐业。显然，人们忽略了狼对草原的作用，只意识到狼吃羊和马，而将其当作人和牲畜的大敌。于是，人们由此不断猎杀草原狼，致使其数量越来越少。

接下来，问题出现了，狼口脱生的田鼠、野兔、黄羊等大量繁殖，一代代成长的动物在限定的山坡上肆无忌惮地刨土、挖洞、啃草。草原失去了青青绿草，裸露出黄色肌肤，一刮风，

爱护花草树木

黄沙漫天，遮天蔽日，许多地方变成了沙漠，整个草原笼罩在呛人的沙尘之中，牛羊因为没有了鲜嫩的绿草，数量急剧减少。

由此可知，草原狼与草原是休戚与共的，狼要吃羊，是它的生理需要，是生态系统中固有的原则，人类不应因此而大开杀戒。狼是草原生态的天然调节器，现在牧民们已认识到了这一自然规律，对狼有所宽容。所以，有了鹰飞、狐走、狼奔、蛇行的生态平衡，才能有蓝天、白云、青草、绿水的优美画卷。

绿色空间

我们身边的生物链

生物链常常就在我们身边，只要你有一双善于发现的眼睛，就不难将它们连成一串。苹果树的叶子为虫子提供了食物，虫子是小鸟的美食，猫头鹰是捕捉小鸟的高手，有了猫头鹰，老鼠才不会成灾。当动物的粪便和尸体回归土壤后，土壤中的微生物会把它们分解成简单的化合物，为苹果树提供养分，使其长出新的叶子和果实。就这样，生物链建立了良好的自然界物质循环。

5. 牧民为什么要季节性休牧

　　过度放牧，会使土地沙漠化的速度加快，并且很难恢复水草丰美的生态环境。过度放牧无异于杀鸡取卵，但由于人们的错误认识，或是贪婪等原因，至今仍有此类现象不断发生。于是水土流失严重，沙尘暴不断侵袭人类，泥石流等自然灾害也不断发生。

　　为了保护有限的草场，牧民们采取以下三种方式放牧。

禁牧

　　禁牧指长期禁止放牧利用，是一种对草地施行一年以上禁止放牧利用的措施。一般是在生态脆弱、水土流失严重或具有特殊利用方式的草场进行禁牧。

休牧

　　休牧是指短期禁止放牧利用，是一种在一年内一定期间对草地施行禁止放牧利用的措施。休牧可以使植物在生长发育的特殊阶段解除放牧家畜对其产生的不利影响，从而促进

爱护花草树木

和保证植物的生长和发育。一般来说，休牧时间一般选在春季植物返青以及幼苗生长期和秋季结实期。

轮牧

轮牧是按季节草场和放牧区，依次轮回或循环放牧的一种放牧方式。两块以上放牧地或将大片草地划分成若干小区，按一定顺序定期轮流放牧。轮牧周期长短取决于牧草再生速度，一般再生草高达8~15厘米可再次放牧，需25~40天。

当然，保护草原仅靠以上方法远远不够，还需要加强和提高对草原的保护意识。

绿色空间

草场的灌溉

中国的草原大都处于干旱地区，牧草因缺水而枯死的现象时有发生。因此，灌溉是改良草原最有效的措施之一。1976~1978年，新疆天山北坡山地草原进行适当灌溉以后，使草层高度由15~17 厘米增加到60~80厘米，覆盖度由50%提高到100%；同时，灌溉后植物种类也发生了变化，豆科牧草由10.9%增加到65.2%，杂草明显减少。

五 低等植物处女地
——湿地

湿地有"生命的摇篮""地球之肾""鸟类的乐园"之称。说它是"生命的摇篮",是因为它是众多野生动物的栖息地;说它是地球之肾,是因为它发挥了类似人体肾脏的功能——排毒净化;说它是"鸟类的乐园",是因为它是许多珍稀水禽的繁殖地和越冬地。同时,它可以给人类提供水和食物,与人类也息息相关。

爱护花草树木

1.你了解湿地吗

湿地概念很广泛，如果通俗一点来描述，湿地就是陆地上有水、有草、有鸟和有鱼的地方，鸟儿在这里栖息，鱼儿在水中嬉戏，这里是小动物们快乐的天堂。

如果泛化地描述，湿地指暂时或长期覆盖水深不超过2米的低地、土壤充水较多的草甸以及低潮时水深不超过6米的沿海地区，包括各种咸水淡水沼泽地、湿草甸、湖泊、河流以及泛洪平原、河口三角洲、泥炭地、湖海滩涂、河边洼地或漫滩、湿地草原等。

不过，目前国际上公认的湿地定义是《湿地公约》作出的。即不论其为天然还是人工、长久还是暂时之沼泽地、泥炭地或水域地带，带有或静止或流动、或淡水或咸水水体者，包括低潮时水深不超过6米的水域。

不论以何种方式描述它，湿地都有着共同特点，那就是其表面常年或经常覆盖着水或充满了水，是介于陆地和水体之间的过渡带。

如此说来，湿地真是太多了，我们能一下说出一串名字：小溪、池塘、水库……看来，湿地的种类真是数也数不清啊。不过，总体来说，它通常可以分为自然湿地和人工湿地两大类。自然湿地包括沼泽地、泥炭地、湖泊、河流、海滩和盐沼等，人工湿地主要有水稻田、水库、池塘等。

至此，相信你已经能说出很多种类的湿地了吧！

生物学家曾经对湿地做了一个生动比喻："我们在干燥

的房间内，养上几盆花，再养上几条鱼，这就是你房间里的湿地，植物和鱼儿在昼夜间不停地完成着二氧化碳与氧气之间的相互转换，卧室里只要有盆水，早晨起来时我们的喉咙就不会干痒及肿痛。"这句话充分说明了湿地与其周围生物以及人类彼此依存的关系。

■ 绿色时间 ■

世界湿地日

1971年2月2日，在伊朗的拉姆萨尔签署了一个全球性政府间的湿地保护公约《关于特别是作为水禽栖息地的国际重要湿地公约》（简称《湿地公约》）。1996年10月国际湿地公约常委会决定将每年2月2日定为世界湿地日。2014年世界湿地日的主题为"湿地与农业"，宣传口号是："湿地与农业：成长中的伙伴。"

爱护花草树木

2. 地球之肾

　　湿地与森林、海洋并称为全球三大生态系统，具有维护生态安全、保护生物多样性等功能，故而，人们将湿地称为"地球之肾"。英国《自然》杂志1997年公开评估的结果认为，全球生态系统的价值是33万亿美元，其中全球的湿地生态系统占45%，约为14.9万亿美元。

　　事实上，湿地的价值可能远不止这些。湿地作为地球上主要类型的生态系统之一，在人类社会的发展和生态环境保护中意义重大，它的生态功能是无法用金钱来衡量的。那么，湿地到底有哪些功能呢？

提供水源

湿地常常作为居民生活用水、工业生产用水和农业灌溉用水的水源地。溪流、河流、池塘、湖泊中都有可以直接利用的水。

调节水分

湿地就像蓄水防洪的"海绵"，在蓄水、调节河川径流、补给地下水和维持区域水平衡方面发挥着重要作用。以沼泽湿地为例，沼泽地的周围生长着茂密的植物，植物的地下根茎彼此交织在一起，其厚度可达几十厘米。草根层疏松多孔，具有很强的蓄水能力，可保持其本身重量的3～15倍的水量。植物本身通过蒸腾作用和水分蒸发，把水分源源不断地输送到大气中，使空气的湿度加大，调节降水。另外，湿地可以在河流涨水期储存大量的降水，均匀地把径流放出，减弱危害下游的洪水，因此保护湿地就是保护天然储水系统。

野生动物的栖息地

湿地中复杂多样的植物群落，为野生动物尤其是一些珍稀或濒危野生动物提供了良好的栖息地，是鸟类、两栖类动物的繁殖、栖息、迁徙、越冬的场所。一般来说，沼泽湿地特殊的天然环境对植物的生长非常有利，但是，这里并不适合哺乳动物生存，水草丛生的环境却是鸟类的天堂。鸟类不仅能在此得到丰富的食物和理想的巢穴，还可以免受天敌的侵害。许多珍稀鸟类经常出没于沼泽地带，比如大雁、白鹭、苍鹰、浮鸥、棕鸟等，另外，许多鸟也将湿地作为迁徙

爱护花草树木

地或者迁徙的中转站。

改善局部小气候

  湿地中的水分通过蒸发成为水蒸气，然后又以降水的形式降到周围地区，保持当地的湿度和降雨量。据有关资料显示，1公顷沼泽在生长季节可蒸发掉7 415吨水分，可见其调节气候的巨大功能。

净化水质

　　湿地像天然的过滤器，它有助于减缓水流的速度，当含有毒物和杂质的水（生活污水和工业废水）经过湿地时，流速减慢有利于毒物和杂质的沉淀和排除。一些湿地植物能有效地吸收水中的有毒物质，净化水质。沼泽湿地中有相当一部分的水生植物具有很强的清除毒物的能力，是毒物的克星。例如，水葫芦、香蒲和芦苇等被广泛地用来处理污水，吸收污水中浓度很高的重金属镉、铜、锌等。有人作了如下试验，将废水排入河流之前，先让它流经一片柏树沼泽地（湿地的一种），经过测定发现，大约有98%的氮和97%的磷被净化排除了，湿地清除污染物的惊人能力由此可见一斑。

爱护花草树木

净化空气

湿地内植物群落丰富，能够吸收大量的二氧化碳气体，并放出氧气。湿地中的一些植物还具有吸收空气中有害气体的功能。比如沼泽地里的植物能吸收空气中的粉尘及其携带的各种病菌，从而起到净化空气的作用。

休闲空间

湿地环境优美，景色宜人，气候适宜，为人们提供了良好的休闲娱乐的空间。为此，湿地被誉为"城市的后花园"，是人们休憩、旅游的重要场所。

科研价值

湿地生态系统、多样的动植物群落、濒危物种等，在科研中都有重要地位，它们为教育和科学研究提供了对象、材料和试验基地。一些湿地中保留着过去和现在的生物、地理

等方面演化进程的信息，在研究环境演化、古地理方面有着重要价值。

除此而外，湿地还可以为人类提供多种多样的产物，包括木材、药材、动物皮革、肉蛋、鱼虾、牧草、水果等，还可以提供水电、泥炭、薪柴等多种能源。

■绿色天使■

能处理废水的湿地

生物学家研究发现，湿地中的芦苇、香蒲等植物的组织中重金属污染物的浓度比周围水中浓度高出10万多倍，可见其解毒功能之强大。鉴于此，我国某造纸厂探索出了一条利用芦苇湿地处理造纸废水的新思路：造纸废水经过预处理后引入盐碱地，通过种植芦苇不仅实现了废水净化，而且改良了盐碱荒地，收割后的芦苇又是造纸的理想材料。

爱护花草树木

3. 湿地之痛

　　目前，全世界约有湿地5.14亿公顷，加拿大湿地面积居世界首位，约有1.27亿公顷，占全世界湿地面积的24%；美国有1.11亿公顷，之后为俄罗斯，我国湿地面积约6594万公顷(不包括江河、池塘)，占世界湿地面积的11.9%，居世界第四位、亚洲第一位。其中天然湿地约为2594万公顷，包括沼泽约1197万公顷，天然湖泊约910万公顷，潮间带滩涂约217万公顷，浅海水域270万公顷；人工湿地约4000万公顷，包括水库水面约200万公顷，稻田约3800万公顷。

然而，现实的情况是，如今地球上许许多多的湿地已经消失或者遭到了严重破坏。联合国在2000年所作的一项调查显示，伊拉克90%的自然湿地已经消失；阿富汗和伊朗99%的湿地已经干涸；美国基西米河周围成片的湿地面临着干涸的危险。

中国湿地的现状更不容乐观。据不完全统计，从20世纪50年代以来，全国湿地开垦面积达1000万公顷，全国沿海滩涂面积已经消减过半，黑龙江三江平原的沼泽失去近八成，湖北省的湖泊锐减2/3，56%以上的红树林消失，全国各类大小湖泊消失了上千个，众多湿地水质逐年恶化，不少湿地生物濒临灭绝，约1/3的天然湿地存在着被改变、消失的危险。

触目惊心的数字在无声诉说着人类对大自然犯下的错。不过，值得庆幸的是，目前人们已经意识到了湿地的重要性，一些国家机构、组织、个人正在积极地为保护湿地而努力，比如湿地自然保护区的建立、相关政策法规的出台等。

那么，湿地是怎样被破坏的呢？让我们一起来寻找破坏湿地的元凶吧！

■绿色先锋■

湿地国际联盟

湿地国际联盟是致力于湿地保育和可持续公益投融资发展与管理的全球非盈利组织。目前，该联盟正在对多个"受威胁"和"正在消失"的湿地开展公益投融资服务、负责任旅游、生态人居、环境教育、国际生态经济圈计划的保护与规划工作。

爱护花草树木

4. 谁在破坏湿地

虽说湿地干涸是自然进程的必然结果，但当前不少湿地的迅速消失与人类不合理的经济活动有密切关系。

围湖、围海造田

由于对湿地的功能和价值认识不足，人们围湖围海造田，造成湿地大量丧失。比如，我国洞庭湖的水域面积由20世纪的近5 000平方千米减少到目前的878.3平方千米。

土地污染

土地污染是破坏湿地的一大因素。人类不合理使用土地，导致土壤酸化与其他形式的污染，从而严重破坏了湿地的生态环境。

环境破坏

农业活动产生的化肥残留物、杀虫剂残留物及动物垃圾，通过径流进入湿地，造成湿地富营养化。再加上许多生活垃圾进入湿地，造成湿地生态环境严重破坏。

河流改道

河流改道工程虽说大大地对农业生产做出了贡献，也对防洪起到了巨大作用，但却影响了河流对湿地的水量补给。比如我国的一些河流改道工程，就破坏了一些湖泊。

由此可知，湿地消失或者被破坏的原因多为人类不合理的活动造成的，所以，保护湿地，需要人类约束自我行为，这样才能使湿地生态的恢复成为可能。

■伤痛的角落■

滨海湿地与海参养殖

我国部分沿海地带湿地破坏严重，其中海参养殖是罪魁祸首之一。由于海参养殖的暴利，导致许多人开发湿地养殖海参。在海参养殖过程中，需要使用药物控制其他生物的生存，由此减少对海参的影响。于是，湿地生物多样性被破坏，水体被污染，海滨潮间带的野生动物栖息地也被人类所占据。

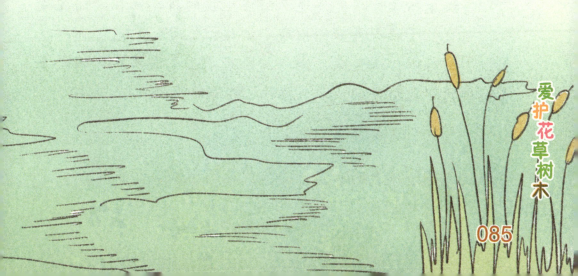

爱护花草树木

5. 湿地之忧

湿地是地球上生物多样性最丰富、生产力最高的自然生态系统之一，被誉为"物种基因库"。据估计，全球40%以上的物种生活在淡水湿地中；同时湿地还是碳封存的容器，固封了1/3陆地的碳。因此湿地一旦遭到破坏或者消失，将会引发一系列的生态灾难。

候鸟将失去暂居地

有些水鸟的繁殖或者栖息地十分有限，比如丹顶鹤，它的繁殖地主要在黑龙江三江平原的沼泽地或者芦苇地里面，如果这些地方遭到严重破坏，它们就会迎来厄运。在迁徙的季节，由于路途遥远，对于多数水鸟而言，直接飞越太平洋根本不可能，因此中国漫长的海岸线滩涂湿地成了它们重要的中间停歇地。鹬类水鸟基本都不会游泳，只能在滩涂湿地上寻找食物，如果这些滩涂湿地普遍遭到破坏，这些鹬类水鸟的正常迁徙就会出现很大的问题。

海洋生物的种类减少

海洋生态学家研究发现，海洋生物的种类正在大幅度减少，而且，生物群也开始出现小型化、低龄化的趋势。以我国渤海湾为例，近年来，渤海湾已经很难形成有规律的或者成规模的虾汛和鱼汛，多个鱼种已经濒临灭绝。

陆地1/3的碳或被释放

湿地是地球上的碳汇中心，湿地约占陆地面积的6%，却固定了陆地上1/3的碳元素。另一方面，湿地中由腐烂的植物产生的二氧化碳、甲烷的含量较高。随着湿地被破坏、急剧退化，泥土罅隙中储藏的温室气体就会不断散发出来，地球变暖的速度将加快。

如今，世界各国都在以各种方式唤起人们对湿地这一具有强大生态功能的生态系统的关注和保护。世界上的一些湿地大国已制定了专门的湿地法规和湿地保护政策，例如韩国、美国、瑞士等。中国必须要谨慎对待"地球之肾"，否则湿地将成为一系列生态问题的导火索。

爱护花草树木

可以说，千百年来，湿地一直是大自然的保护者，是我们的朋友，更是我们不可或缺的伙伴，保护湿地，需要我们共同的努力。

绿色空间

中国湿地生物

根据全国湿地资源调查结果显示，在我国自然湿地中，生存着高等植物2 276种、兽类31种、鸟类271种、爬行类122种、两栖类300种、鱼类1 000多种。在湿地高等植物中，濒危物种约有100种。如亚热带的水松，江南湿地的李氏禾，青藏高原湿地的芒尖苔草、西藏粉报草，三江平原的绶草、大花马先蒿，南部沿海红树林湿地的水椰、木榄、红榄李等。

6. 保护湿地，从我做起

为了不让鸟儿再悲伤，为了不让鱼儿再流下眼泪，为了让大自然重新恢复生机和活力，保护湿地环境，关注湿地生态，这是我们每个人的责任。

保护湿地环境，我们应该从何做起呢？

了解和宣传有关湿地的知识

了解有关湿地的知识以及湿地的重要性，并且向他人讲解相关知识。可以开展以"保护湿地"为主题的宣传活动，让他人深入了解湿地的重要性，培养湿地保护意识，让保护湿地的观念从校园走进千家万户。

关注身边的湿地

了解认识身边的湿地资源，关注湿地环境，并做相关记录。比如，湿地中有哪些野生动植物？你认识多少种？等等。

个人的行动

保护湿地需要个人的切身行动。比如，不下河捕鱼，不打扰湖边水草中停息的鸟，不向水塘里乱扔垃圾，不往小溪里倒脏水，等等。如果发现他人有破坏湿地的行为，及时制止，并且向其宣讲保护湿地的重要性。

加入环保组织

一个人的力量毕竟是有限的，如果加入环保组织，让大家一起来宣传湿地的重要性，制止破坏环境的行为，这样，我们的力量就会变得更为强大。

爱护花草树木

089

只有人人都对湿地多一点关心和爱护，我们赖以生存的家园才会变得更加美丽。

■伤痛的角落■

外来入侵植物——水葫芦

水葫芦原产于委内瑞拉，是外来入侵植物之一。在美国、澳大利亚和中国的一些地区，这种植物堵塞河道、阻断交通，致使大量水生生物因缺氧和光照不足而死亡。虽然它对污染水体有一定的降解净化作用，但其过快的繁殖速度使其成为最具侵略性和危害性的植物之一。

 别样的风景

——城市绿化

　　"绿荫芳草"是城市之肺，在人们对宜人城市的愿景中，一定少不了绿色的点缀，因为，绿色是生命的颜色。城市的美化、人居环境的改善、污染物的吸收、城市热岛效应的减轻、大气的净化、噪声的降低，哪一样也离不开绿色。

1. 营造绿色空间的草坪

　　近年来，城市草坪的建设深受人们的重视。在高楼大厦之间，一片延展开来的草坪，给人们带来了美的视觉享受。

　　草坪有人工草坪和自然草坪两种，城市环境中主要是人工草坪，一般有以下几种类型。

自然式草坪

　　自然式草坪主要是模拟自然地形，利用地形的起伏高

爱护花草树木

091

低，以人工栽培的方式创造出的，草坪边缘采用自然式，一般结合小型的灌木、地被植物等，展现草坪的自然姿态。

规整式草坪

规整式草坪主要应用于城市广场、规整式绿地中，外形整齐，常常布置在雕塑、建筑物四周，起到衬托的作用，边缘利用石块砌成规整的形状，也可以利用矮篱围起来。

装饰性草坪

装饰性草坪起到装饰作用，也具有点缀空间的作用。这种草坪禁止人入内，多用栏杆、树篱等较高的设施围合，并作为景观构图的一部分。

使用性草坪

使用性草坪具有良好的排水功能，草质耐践踏。这种草坪允许人进入。草坪中的植物包括地被植物和草本植物。地被植物有爬地柏、紫藤、迎春、连绵、地绵以及苔藓、蕨类植物；草本植物有羊胡子草、野牛草、天鹅绒芝草、爬根草等。

无论是哪一种草坪，都能给人一种清新、愉悦的视觉享受，不过，这仅仅是草坪给人的第一印象而已。从生态意义的角度来说，草坪的意义远不止于此。

草坪还能为人们提供一个清洁的生活环境。因为草坪是净化空气、过滤灰尘、稀释细菌的高手。据测定，布满灰尘的大街上方的空气中，每立方米细菌含量要比草坪上空的细菌含量高8倍。

草坪还是二氧化碳的消费大户。每平方米健康生长的草坪每小时可吸收1.5克二氧化碳，而一个人每小时呼出的二氧化碳约为38克，以此推算，25米^{2}的草坪就可以把一个人呼出的二氧化碳全部吸收。同时，草坪还是巨大的制氧机，这也是人们站在草坪四周会感到空气特别清新的原因。

草坪还可以调节温度和湿度。草坪可以吸收地表释放的热量，从而达到降温的效果。同时，草坪还能把从土壤中吸收的水分变为水蒸气释放到大气中，从而增加空气的湿度。

草坪还有减噪的功能。经测定，一块面积为250米^{2}的草坪，与同等面积的石板路相比，其噪声降低了10分贝。

爱护花草树木

绿色的草坪给人们带来了舒适宁静的生活空间，也给城市带来了优美的环境。所以增加城市中草坪的数量对城市绿化起着巨大的作用。不过，草坪的养护很不容易，播种、施肥、浇水、修整等环节，都离不开巨大的人力物力。有关资料显示，美国每年用于维护草坪的费用高达40亿美元。

当夏日的午后，我们路过一片片绿色的草坪时，很想在草坪上小憩，闻着香草的气息，感受绿地的温馨，这是多么惬意的一件事啊。可是，草坪上竖立的"请勿践踏小草"的牌子不得不让我们望而却步。事实上，这没什么值得遗憾的，了解了草坪对生态环境的巨大功能后，你就会觉得，不在草地上撒欢儿的举动是多么的明智！

■绿色加油站■

呵护草坪，人人有责

草坪需要每个人的呵护：属于草坪的东西请勿带走，不属于草坪的东西也不要留下，这是每个人应该具备的环保意识。当你向草坪迈出第一步的时候，应该及时地收回脚。

2.马路边的除噪高手

金庸的小说《天龙八部》中有一个名叫谢逊的人，他会一种"狮子吼"的功夫，此功夫可以通过声音杀人于百步之外。现实生活中，虽然并不存在这种绝世武功，但却存在着一种与其有相似杀伤力的声音，就是噪声。

马路上汽车的喇叭声、建筑工地上机器的轰隆声、迪厅里的摇滚音乐、泼妇的骂街声等都是噪声，如果这些声音的强度被控制在合理的范围之内，就不会对人类造成伤害，但是，如果声音的强度超过了一定的范围，就会危害人类的健康。

科学家发现，噪声小于50分贝，对人没什么影响，当噪声达到70分贝时，人就会感到不舒服，当噪声超过90分贝时，我们就无法忍

爱护花草树木

受了。城市里的噪声无处不在，常常让我们无法安心学习，如果长期处于噪声环境中，对人体危害非常大。调查发现，目前我国大多数城市中，噪声超过70分贝的环境比较多。如今，噪声已经成了一种城市公害。

如何对付噪声这个魔头呢？人们想出了很多办法，除了在产生噪声的机械和噪声集中的场所安装消音设备外，在马路两边种树、种草对降低噪声也非常有效。

生物学家发现，树木有很强的吸音能力，当噪声通过树木时，树木会吸收部分声波，使声音减弱，因为枝叶表面的气孔、绒毛，就像电影院里的多孔纤维吸音板一样，能吸收噪声。而生长茂盛的草坪形成松软而富有弹性的地表，能像海绵一样吸收和阻碍声音的传播。实验证明，10米宽的林带可使噪声减弱30%，20米宽的林带可使噪声减弱40%，公园成片林木可降低噪声5～40分贝，比离声源同距离的空旷地自然衰减量要多降低5～25分贝。

为了提高绿化消减噪声的效果，在城市街道两边，最少要有宽6米、高10米的林带，最好以乔木为主，灌木、花草相结合，构成多层次的消声林带，防噪效果非常好。

■绿色加油站■

噪声除草

科学家发现，不同的植物对不同的噪声敏感度不一样。根据这种情况，人们制造出了噪声除草器。噪声除草器发出的噪声能使杂草的种子提前发芽，这样就可以在作物生长之前用药物除掉杂草，用"欲擒故纵"的妙计，保证作物的顺利生长。

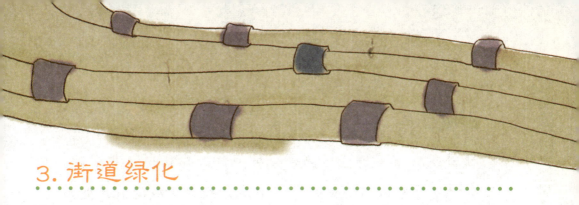

3. 街道绿化

　　街道绿化指的是在街道的两旁及分隔带内种植树木和绿篱、布置花坛、林荫步道、街心花园以及建筑物前的绿化等。

　　如果按照绿化带的功能和所处的位置，可以将它分为以下几种。

人行道绿带

　　人行道绿带也叫步行道绿带，指车行道和人行道之间的绿化带。它最简单的布置形式是种植单行乔木。如果绿带宽在2米以上，可种植乔木、灌木或布置植篱。

分车绿带

　　分车绿带是在车行的路面上设置的划分车辆运行路线的绿带。分车带可以种植各种树木花草，种植灌木的高度一般不超过司机的视线高度，以保证行车安全。

防护绿带

　　防护绿带是人行道和建筑物之间的绿带，主要用来减少

爱护花草树木

人流、车辆的噪声干扰。

基础绿带

基础绿带是紧靠建筑的绿化带，可以和防护绿带合并。有些退到建筑红线以内的建筑，可把基础绿带变成门前的庭园。

另外，绿化带还有广场绿化、停车场和立体交叉道路等处的绿化。

那么，为什么要进行街道绿化呢？它对城市起到哪些重要的作用呢？

美化城市

街道绿化可以美化街景、烘托城市建筑艺术、软化建筑的硬线条，还可以隐蔽街道上有碍观瞻的部分。如建筑墙面由于长年风吹日晒、雨水冲刷，产生了剥落，很不美观，我们就可利用绿色植物将其遮挡住，使城市的面貌显得更加整洁生动、活泼优美。一个城市如果没有街道绿化，即使它沿街建筑的质量很好，艺术性很高，布局很合理，也会显得枯燥无味。反过来在不同的街道上，栽上不同的树木，由于各种植物体形、色彩不同，就可形成不同的街道景观。很多世

界著名的城市，由于街道绿化，给人留下了深刻的印象。如澳大利亚首都堪培拉处处是草坪、绿树和花卉，被人们誉为"花园城市"。

卫生防护

城市废气污染源很大一部分来自街道上行驶的各种车辆，而街道绿地线长、面广，对街道上车辆排放的有毒气体有吸收作用，可以净化空气、减少灰尘。据测定，在广州绿化良好的街道上，距地面1.5米处的空气含尘量比没有绿化的地段低56.77％。

城市环境噪声70％～80％来自城市交通，有的街道噪声达到100分贝，而70分贝对人体就十分有害了，只有一定宽度的绿化带可以明显地减弱噪声5～8分贝。

爱护花草树木

街道绿地可以降低风速，增大空气湿度，降低光辐射，还可以降低路面温度，起到延长道路使用寿命的作用。

组织交通

绿化带可将上下行车辆分隔开，它的分隔作用可避免行人与车辆碰撞、车辆与车辆碰撞。另外，交通岛、广场、停车场上一般也都进行一定形式的绿化，这些不同的绿化都可以起到组织城市交通、保证行车速度和交通安全的作用。

街道上的绿色植物使人的视觉感到柔和舒适，可减轻司机视觉上的疲劳，减少交通事故的发生。

散步休息

城市街道绿化除行道树和各种绿化带外，

还有面积大小不同的街道绿地、城市广场绿地、公共建筑前的绿地。这些绿地内经常设有园路、广场、坐凳、宣传廊、小型休息建筑等设施，为附近居民提供锻炼身体及休息的场所。

■伤痛的角落■

植物界的"吸血鬼"

　　有一种名叫菟丝子的植物，被称为植物界的"吸血鬼"。景区的绿化带常常遭受这种植物的侵袭。菟丝子是一种生理构造特别的寄生植物，它的体内没有叶绿体，利用爬藤攀附在其他植物上，并且从接触宿主的部位伸出尖刺，戳入宿主直达韧皮部，吸取养分以维生。

爱护花草树木

4. 抗污染植物大比拼

　　科学家发现，植物对大气中的污染物有净化的能力，为此，在城市绿化中，人们常常在空气污染较为严重的地方种植不同的植物，以此净化空气。

　　植物抗污染的本领不同，为此，根据它们抵抗不同污染物的能力大小，我们将之分为以下几大类。

抗二氧化硫的植物

　　抗二氧化硫的植物有金银花、菖蒲、鸢尾、玉簪、金鱼草、桧柏、槐树、马氏杨、柳属、柿、君迁子、核桃、山桃、褐梨、小叶白蜡、白蜡、北京丁香、刺槐、加杨、毛白杨、火

炬树、紫薇、银杏、悬铃木、华北卫矛、蔷薇、侧柏、木香、蜀葵、野牛草、草莓、晚香玉、白皮松、云杉、香柏、臭椿、珍珠梅、山楂、欧洲绣球、紫穗槐、木槿、雪柳、黄栌、金银木、连翘、大叶黄杨、小叶黄杨、地锦、鸡冠、桃叶卫矛、胡颓子、桂香柳、板栗、太平花、酢浆草等。

抗氟化氢的植物

抗氟化氢的植物有柽柳、葡萄、大理花、牵牛花、黄花、丁香、连翘、刺槐、旱柳、臭椿、五角枫、白蜡、小叶杨、加拿大杨、油松、枣、玫瑰、侧柏、青杨、龙爪柳、核桃、箭杆杨、榆叶梅、波斯菊、菊芋、金盏菊、唐菖蒲等。

抗氯气的植物

抗氯气的植物有花曲柳、桑、旱柳、山桃、皂角、忍冬、水蜡、榆、黄菠萝、卫矛、紫丁香、茶条槭、刺槐、刺榆、剌玫、木槿、枣、紫穗槐、夹竹桃、加杨、柽柳、银杏、臭椿、叶底珠、连翘等。

抗汞污染的植物

抗汞污染的植物有紫藤、木槿、美国凌霄、常春藤、地锦、五叶地锦、山楂、接骨木、金银花、义冠果、小叶女贞、连翘、丁香、欧洲绣球、榆叶梅、海州常山、大叶黄杨、小叶黄杨、刺槐、毛白杨、垂柳、桂香柳、含羞草等。

抗硫化氢的植物

抗硫化氢的植物有栾树、银白杨、刺槐、新疆核桃、连

爱护花草树木

翘、龙爪柳、五角枫、梨、青杨、桑、小叶白蜡、苹果、悬铃木、皂荚、榆、桧柏、毛樱桃、泡洞、加拿大杨等。

通过对植物各种能力的综合分析，可以得出以下结论。

毛白杨、旱柳、白蜡、紫穗槐对铜、锌、镍的富积能力强，在重金属污染环境下生长良好，可广泛地用于城市绿化建设。

金银木、小叶黄杨、银杏、樱花、元宝枫、圆柏、辅地柏、垂柳、栾树、水杉、桃、月季、紫荆、悬铃木对各种重金属元素均有富积能力，但对每种重金属元素的吸附能力都不是很强，可广泛用于园林配置。

紫荆、樱花、桃、银杏、圆柏对污染环境比较敏感，可作为环境污染指示树种，监测重金属污染状况。

白皮松、油松、榆叶梅、紫叶李、国槐、大叶黄杨，对铬、铅的富积能力最强，同时对镍也有一定的富积能力。

■绿色天使■

常见的生物监测能手

植物是天然的环境卫士，也最了解环境的变化情况，通过观察它们的生存状况，人类就可以了解自身的处境。你知道吗？日常生活中许多常见的水果和蔬菜，它们都是监测环境污染物的能手。比如，桃子、葡萄可以用来监测空气中氟化物的浓度，番茄可以用来监测臭氧的浓度，胡萝卜、菠菜可以用来监测二氧化硫的浓度，棉花可以用来监测乙烯的浓度。

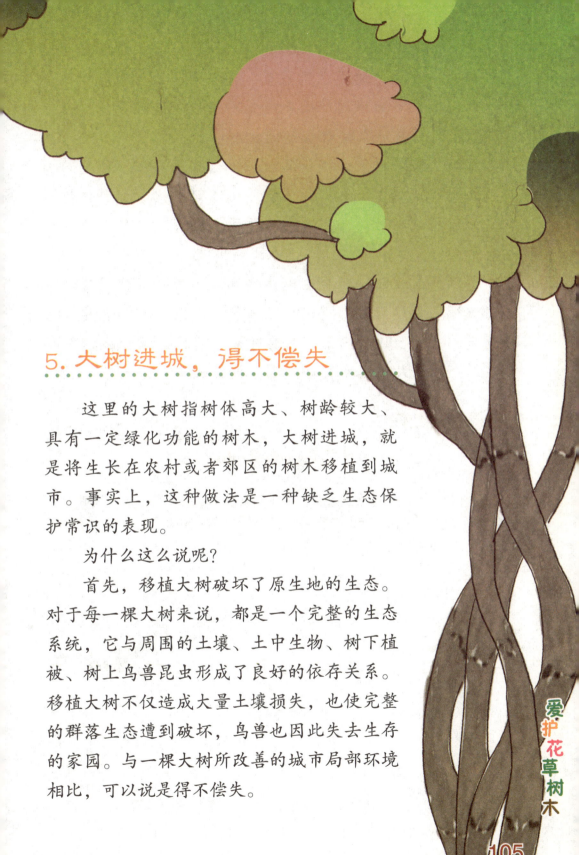

5.大树进城，得不偿失

　　这里的大树指树体高大、树龄较大、具有一定绿化功能的树木，大树进城，就是将生长在农村或者郊区的树木移植到城市。事实上，这种做法是一种缺乏生态保护常识的表现。

　　为什么这么说呢？

　　首先，移植大树破坏了原生地的生态。对于每一棵大树来说，都是一个完整的生态系统，它与周围的土壤、土中生物、树下植被、树上鸟兽昆虫形成了良好的依存关系。移植大树不仅造成大量土壤损失，也使完整的群落生态遭到破坏，鸟兽也因此失去生存的家园。与一棵大树所改善的城市局部环境相比，可以说是得不偿失。

爱护花草树木

其次，成年大树再生能力差，可塑性小，移植后树体会加速老化，很多大树因此而死去。即便能够勉强存活，三五年内也很难恢复原来枝繁叶茂的状态。

再次，浪费严重。据估算，从偏远山区移植一棵树龄为20年的树木，成本加运输费用需要近万元，名贵树种价格会更高。移植成功后的两三年内，需要加强养护，其绿化成本也非常高。

所以，这种以牺牲原生地生态环境为代价绿化城市的做法，破坏了森林资源的整体生态平衡，其利弊显而易见。值得高兴的是，2009年5月，我国有关部门已经意识到这一问题的严重性，大树进城的行为已经被禁止。

■绿色天使■

比钢铁还要硬的树

你知道有一种比钢铁还硬的树吗？这种树叫铁桦树。这种珍贵的树木，高约20米，树干直径约70厘米，寿命300~350年。铁桦树的木质坚硬，比橡树硬三倍，比普通的钢硬一倍，是世界上最硬的木材，人们把它用作金属的代用品。铁桦树还有一些奇妙的特性，由于它质地极为致密，所以一放到水里就往下沉；即使把它长期浸泡在水里，它的内部仍能保持干燥。

七 萌芽的种子——
让绿色走进家庭

　　家庭是社会的细胞，每个人都是家庭的成员。环境保护是每个家庭应负的责任。让绿色走进家庭，开展家庭环保活动，享受现代绿色生活，不但是每一个人家庭成员的执着追求和自觉选择，而且对保护环境、维护生态平衡具有不可替代的重要作用。

1. 芳草幽幽的庭院

　　芳草萋萋的庭院，给人以美的享受的同时，还在默默地做着贡献。

　　花草植物不停地吸收空气中的二氧化碳，通过光合作用释放出氧气。生物学家发现，每10平方米草地所释放的氧气就足够一个人的需要了。所以，在庭院中种植花草相当于建

爱护花草树木

造了一个天然氧吧。

除此以外，花草还可以吸附空气中的灰尘，还可以固定地表营养丰富的土层，使之不被风吹走，还可以吸收一部分雨水，使之成为地下水。

同样，在室内养花养草也非常环保。尤其在很少开窗的冬季，室内花草对空气的净化和湿化作用显得更为重要。在新装修的房子中，花草还能起到吸附有害物质和辐射的作用。

所以，在家里养花种草真是一举多得的事情。

以下介绍五种适合庭院种植的植物。

常春藤

常春藤属多年生常绿藤本植物，原产欧洲、亚洲和北非。它对环境的适应性很强，喜欢比较冷凉的气候，耐寒力较强。

它的叶子呈卵形，茎蔓细柔下垂，可作盆栽，给人以清新的感觉，有旺盛的生命力。常春藤可以净化空气，吸收苯、甲醛等有害气体，能够有效抵制尼古丁中的致癌物质，通过叶片上的小气孔，将有害物质转化为无害的糖分与氨基酸。

彩叶草

彩叶草原产于热带地区，现在世界各国广泛栽培。彩叶

草是一种适应性强的花卉。在我国很多地方也可见到，尤其南方更为常见。我国各地庭园常有栽培。

彩叶草属多年生草本植物，别名有五彩苏、洋紫苏等。植株高约为几十厘米，花茎为四棱形，叶面为绿色，上面有淡黄、桃红、朱红、紫等色彩鲜艳的斑纹。

牵牛花

牵牛花别名子午钟、喇叭花、草金铃。原产美洲，我国各地普遍栽培供观赏。牵牛花属旋花科，一年生缠绕草本。叶片呈心脏形，蔓生茎长3~4米，全株多密被短刚毛。秋季开花，花为漏斗状，花色有蓝色、淡紫色或白色，色艳而无香气。性喜阳光，播种一周即可发芽，生长茂盛，分枝多，常种植于庭院、篱边、棚下。

金包英衣

金包英衣又称金包花或金包塔，是多年生木本植物。它的叶子小巧碧绿，属观叶植物，花开时金黄色的花冠造型非常独特，层叠如一个个金色小宝塔。金包英衣喜欢阳光，非常适宜户外种植，日常养护也十分简单。

爱护花草树木

109

肾蕨

肾蕨又名蜈蚣草，属肾蕨科，原产于热带及亚热带地区，喜温暖湿润的环境，不耐寒，冬季在15℃左右可正常生长，是很好的观叶植物。它四季常青，叶形秀丽挺拔，叶色翠绿光滑，不需要特殊养护。

■绿色天使■

世界上花朵最大的花——大王花

生长在印度尼西亚热带森林里的大王花是世界上花朵最大的花。大王花一生只开一朵花，通常情况下，花的直径1米左右，最大直径可达1.5米；花瓣有5片，又大又厚，厚度约1.4厘米，每片长约30厘米；花冠呈鲜红色，上面有一些白斑。整个花重达15千克。大王花不但味臭，而且"懒"，专靠吸取别的植物的营养来生活，所以它没有叶子，也没茎。

2. 阳台上的美丽风景

阳台上，一盆盆赏心悦目的花儿，如同一道道美丽的风景，不仅把家里装扮得温馨、有品位，同时，赏花也能让人心情愉悦，使人心中充满力量。

阳台是一种较为特殊的空间，因其独特而良好的采光条件和功能要求，人们常把这里作为居室绿化的主要场所。

不过，阳台上养花也有很多学问呢！需要根据阳台所处的方向和花草的习性选择不同种类的花草，同时采取各种适当的管理措施，才能养好花。

一般来说，南向阳台阳光充足，是养花的好场所。但是南向阳台空气干燥，夏季温度较高，因此，宜选择喜光、耐旱、耐高温的花草，如石榴、夜来香、珊瑚豆、茉莉、桂花、仙人掌、五色椒、月季、菊花、米兰、半支莲、百日草等。

东向阳台和西向阳台总的来说每天各只有4~5小时的光照时间，但也有区别：东向阳台上午有阳光，到了下午便成了荫蔽之所，适合放置稍耐阴的花草，如君子兰、茶花、杜鹃、蟹爪兰等。西向阳台所受的日照强度要高于东向阳台，特别是午后2时左右的暴晒对花草的生长极为不利，如果种植葡萄、紫藤、金银花、牵牛花等藤蔓植物，并附以竹架支撑，也可以创造出一个清凉幽静的小环境。

北向阳台虽然得到阳光照射的时间很少，但有较强的散射光，可于春天气温转暖后种植喜阴或耐阴的观叶植物，如文竹、棕竹、龟背竹、橡皮树等，秋天再移入室内。

学会了养花的一些常识后，也试着用花草装扮一下家里

爱护花草树木

的阳台吧，一旦你沉浸其中，数不清的乐趣就会围绕在你身边，让你欲罢不能。

生态盆栽

生态盆栽与普通的栽在花盆中的花草不同，是一种崭新的现代盆景。花盆里的土是由植物专家调配的全营养仿生土，对于养花人来说，只需要浇水就可以了，轻松，省心，即便是养花"菜鸟"也能轻松养花！

3.建造一个楼顶花园

如果你住在楼房的顶层，在炎炎夏日你可能会有这样的体验：屋内热得像个蒸笼，即便开了空调也没有用。其实，没有绿化的楼房顶层都会有类似的情况。想一想，楼顶经过长时间的太阳暴晒，你的房间内怎么可能不热呢？

环保专家断言，如果能将楼顶进行适当的绿化改造，不仅能够增强楼顶的隔热保温作用，还会起到"冬暖夏凉"的良好温度调节作用，一般能够有效降低屋顶温度 $3 \sim 6℃$。

也许你认为建造楼顶花园异想天开，事实上，许多国家和地区将这一想法已经付诸实践。从加拿大温哥华的公寓独立住户所共享的屋顶社区花园，到美国芝加哥、波特兰、西雅图等地企业主的配备植被的生活屋顶，如雨后春笋般不断涌现。

在法国巴黎，许多高楼大厦的楼顶上，栽种着各种树木与花草，有的楼顶上铺设了人工草坪，建造了亭台榭宇。在英国伦敦，人们在楼顶上修建林荫道，体会空中漫步的感觉。在巴西，楼顶上绿草如茵，与广场的花圃、喷泉相映成趣。

如今，我国一些大中城市也开始了楼顶绿化，编织起美

爱护花草树木

化空中环境的画卷。比如，上海世博会的200多个场馆中，80%以上的场馆做了屋顶绿化，这些美丽的屋顶花园在给人们带来美的享受的同时，也为环境保护作出了贡献。

楼顶花园的好处多多，它不但可以为城市生活的你提供一个休息和消除疲劳的舒适场所，对于一个城市来说，它还可以保护生态、调节小气候、净化空气、遮荫降温等，当然，还是美化城市、活跃景观的一种好办法。

建造楼顶花园是节约土地，开拓城市空间，"包装"建筑物和都市的有效办法，是建筑与绿化艺术的合璧，是人类与大自然的有机结合。最为重要的是，这是应对全球变暖的一个强大武器。据科学测定，如果一个城市将楼顶都利用起来进行绿化，那么这个城市中的二氧化碳较之没有绿化前要低85%。由此可见，建造楼顶花园对城市环境的改善所起的作用之大。

假如楼顶花园可以拯救整个世界，就让我们都来装备一个吧！

■绿色加油站■

楼顶花园种植的注意事项

（1）不要种植根系发达的植物，这样容易导致阳台出现裂缝漏水，带来安全隐患。

（2）不要给绿色植物喷农药，以免污染空气。

（3）要注意盆景等摆放安全防护，以免掉落伤人。

4. 用绿色植物装点房间

同鲜活的室内花草相比，任何家具都会黯然失色，一个用绿色植物布置装点的房间，不仅给人以美的享受，还满载着生机和活力。当然，这些默默无闻的花草还会为你营造一个健康的室内空间。

那么，就让我们看一下这些花草有哪些神通广大的本领吧！

调节温度和湿度

大家都知道，能够调节温度的是空调，能够调节空气湿度的是加湿器。而花草却同时具备了这两个功能。你知道它是怎么做到的吗？

我们看下它是怎样调节湿度的，植物通过根能吸收水分，这些水分它只用1%维持生命，其余的99%全部释放到空气中，而且，不管给它浇什么样的水，最后蒸发出去的都是100%的纯净水。

研究发现，如果在窗户朝东的房间摆放盆栽，室内温度要比不放植物的房间低。这是因为植物的叶子受阳光照射后，通过蒸腾作用向外释放水分，许多余热通过叶片散发到室内空气中。所以，放有盆栽植物的房间湿度高，温度低。

当然，要想提高盆栽花草的加湿作用，需要让其照射充足的阳光。

爱护花草树木

释放氧气，吸收二氧化碳

由于室内植物晚上不进行光合作用，只进行呼吸作用，所以，有人担心盆栽花草会在夜间排出二氧化碳，影响室内空气质量。

其实，有些特殊植物夜间也可以吸收二氧化碳，比如，常见的仙人掌和多肉植物。仙人掌和多肉植物原产于沙漠地带，由于沙漠中缺水，它们为了能够生存下去，叶子就成了针形，以控制水分在白天流失。到了晚上，它们才打开气孔，大量吸收二氧化碳。需要注意的是，如果白天把仙人掌和多肉植物放在光线强烈的地方照射，夜间吸收二氧化碳的效果会更好。

吸收粉尘

室内空气中的粉尘主要来源于吸烟、烹饪等。一般来说，粉尘可分为两种，一种是颗粒较大的降尘，这种粉尘会自然降落在地面；另一种粉尘叫飘尘或可吸入颗粒物，由于颗粒较小，处于悬浮状态，香烟的烟雾就属于这一种。

如果在室内放置盆栽花草，粉尘的减少速度比没有植物的房间快很多。如果将室内20%的空间摆放盆栽花草，比拿出10%的空间摆放花草，其粉尘去除量要多3倍。由此可知，观叶植物能够有效减少空气中的微小粉尘。

缓解人们眼部疲劳

绿色植物有缓解眼部疲劳、放松心情的作用。有关专家曾经做了这样一个实验：让经常使用电脑的人分别注视电脑屏幕和绿色植物三分钟，然后测定其视觉疲劳度、眨眼次数等项目。发现注视绿色植物可以使视觉疲劳明显减轻，眨眼次数明显减少。放松心情、缓解眼部疲劳的植物以吊兰最为合适。

驱虫杀菌

有些盆栽植物有驱虫的作用。比如，天竺葵科植物净蚊香草，它是一种能散发香味的植物，放在房间中可以驱蚊。研究发现，一盆冠幅30厘米以上的净蚊香草，可以将面积10平方米以上房间内的蚊虫赶走。另外，还有一种名叫除虫菊的植物，也可以驱赶蚊虫。

杀菌的植物也有很多，比如，紫薇、茉莉、柠檬等植物，可以杀死白喉菌、痢疾菌

等有害病菌，蔷薇、石竹、紫罗兰、桂花等散发的香味对结核杆菌、葡萄球菌、肺炎球菌的生长有明显的抑制作用。

消除有毒化学物质

绿色植物有吸收空气中有害物质的作用。在10平方米房间中放置一两盆花草，基本上可以达到清除空气污染的效果。当然，每种植物杀毒的本领也各不相同。

芦荟是吸收甲醛的高手，可以吸收1平方米空气中所含甲醛的90％。

白掌可以抑制人体呼出的废气如氨气和丙酮，还可以过滤空气中的苯、三氯乙烯等。

千年木的叶片和根部能吸收甲苯、三氯乙烯等有害毒物。

吊兰吸收甲醛的本领最强，同时还可以吸收空气中80％以上的有害气体。

既然绿色植物有如此大的本领，赶快用绿色植物装点一下自己的房间吧！

绿色加油站

养花小知识

关于室内养花对健康的影响有种种传闻，除了分泌有毒气味的植物不宜养这一限制外，其他大可不用担心。一般来说，室内最适宜选择四季常青的花木，而不适宜养丁香、夜来香等能在夜间散发出刺激微粒的花草。

5. 有品位的绿色客厅

　　久居都市的人都渴望能回到清新的乡村，享受与阳光、泥土、微风、绿草的亲密接触，远离城市中满目的灰意朦朦，然而真正能实现这一愿望的人却是寥寥无几。何不通过巧妙的家居装饰，在家中建立一片"绿洲"呢? 让大自然的那一份绿意盎然在家中盛放。

　　客厅是家人聚集的场所，客厅植物装饰风格应力求明快大方、美观庄重、典雅自然，尽可能营造温馨和谐、盛情好客的感觉和美满欢快的气氛。植物配置要突出重点，切记杂乱，同时注意和家具的风格及墙壁的色彩相协调。

爱护花草树木

以下三种设想也许会给你带来意外的惊喜。

用花叶植物打造温柔空间

花叶植物拥有鲜花般的容貌，四季常艳，它们通常叶边有妩媚的曲线，或叶片上有奇幻的图案，有的还会因光线的不同而变化叶片颜色。非常适合温馨柔和的现代风格居室。

用线叶植物打造个性空间

线叶植物彰显着个性：细长伸展的叶形，或坚毅挺立，或飘摇自在，很有张力和动感。由于个性过强，摆放时要细加斟酌。这类植物适合有艺术气质、喜欢与众不同的主人。

用圆叶植物打造立体空间

圆叶植物的叶子往往色泽光亮饱满，大面积的绿色不仅赏心悦目，还很有助于净化空气，若对植物没什么偏好，只是想给家里添点生气，这类植物再适合不过了。

客厅装饰植物的选择必须根据客厅布置格调的不同而有所不同。典雅古朴的装饰可选树桩盆景为主景，大方气派的格调可选用叶片较大、株形较高的植物，浪漫情怀的装饰可选择一些藤蔓植物。

此外，植物的色调质感也应和室内色调搭配。如果环境色调浓重，则植物色调宜浅淡；如果环境色调淡雅，植物的选择相对广泛，叶色深绿，叶形硕大和小巧玲珑、色调柔和的都可兼用。

值得注意的是，如果将"互补"功能的绿色植物同养一室，既可使二者互惠互利，又可平衡室内氧气和二氧化碳的含量，保持室内空气清新。

■绿色天使■

空气清道夫

　　芦荟、吊兰、虎尾兰、一叶兰、龟背竹是天然的空气清道夫，可以清除空气中的有害物质。研究表明，虎尾兰和吊兰可吸收室内80%以上的有害气体，吸收甲醛的能力超强；芦荟可以吸收1立方米空气中所含的90%的甲醛；常青藤、铁树、菊花、金橘、石榴、半支莲、山茶、米兰、雏菊、腊梅、万寿菊等能有效地清除二氧化硫、氯、乙醚、乙烯、一氧化碳、过氧化氮等有害物。

爱护花草树木

6.宁静有涵养的书房

书房是用来学习或者工作的地方，不论大小，都应该布置得幽静、雅致，才能让人在清新的环境中，心情舒畅地工作和学习。

在书房里摆上花花草草，可以增加生活情趣，减少阅读的枯燥感，愉悦人的视觉，陶冶情操。阅读之余，观赏一下室内的花草，也可以放松心情，解除疲劳，净化心灵，启迪思想。

观赏松柏让人想到刚劲，观赏兰花让人想到高洁，观赏牡丹让人想到富足……每一种花草都能激起一种向往。科学研究表明，在鲜花盛开的房间里工作，不但可以减轻压力，还能激发人的创造力。

书房的绿化装饰宜明净、清新、雅致，以利于创造静穆、安宁、优雅的环境，使人入室感到宁静、安逸，从而专心于读书。通常情况下，书房中的植物应以观叶植物为主，

选择的种类不宜多，多了则有杂乱之感。在花色的选择上，最好不要选择红色的花卉，以免扰乱人的心神。

一般可在台面摆设轻盈秀雅的文竹、网络草或合果芋等矮小、短枝、常绿、不易凋谢及容易栽种的小型观叶植物，以调节视力，缓解疲劳；也可在适宜的位置摆放攀附植物，犹如盘龙腾空，给人以积极向上、振作奋斗的激情。

总之，书房中几株绿色植物会为你增添淡雅和清新，显示你的素养和底蕴。

如果书房空间不大，可以选择小巧的绿色植物，以免产生拥挤压抑的感觉，比如，在适当的位置摆放小巧精致的盆栽，可以起到点缀的装饰效果。

如果书房空间较大，可以选择体积较大的品种，比如，可以选择半人高的盆栽，以此衬托出淡雅祥和的氛围。

■绿色天使■

能杀病菌的植物

玫瑰、桂花、紫罗兰、茉莉、柠檬、蔷薇、石竹、铃兰、紫薇等芳香花卉产生的挥发性油类具有显著的杀菌作用。

紫薇、茉莉、柠檬等植物，5分钟内就可以杀死白喉菌和痢疾菌等原生菌。蔷薇、石竹、铃兰、紫罗兰、玫瑰、桂花等植物散发的香味对结核杆菌、肺炎球菌、葡萄球菌的生长繁殖具有明显的抑制作用。

爱护花草树木

7. 让春天在厨房里绽放

也许我们不能住在如热带雨林般绿草丛生的地方，但是我们可以巧妙地摆放一些植物，使它们最大程度地发挥作用，让我们的家居环境变得更舒适、更健康。以下几种关于厨房绿色植物的搭配方案，值得你拥有。

环境专家认为，巧妙地在厨房合适的位置放上盆栽花草，能给人带来轻松健康的生活环境。一般来说，厨房绿色植物的原则是以点缀为主，宜简不宜繁，宜小不宜大。

那么，适合在厨房摆放的植物具体有哪些呢？

厨房温湿度变化较大，应选择一些适应性强的小型盆花，如三色堇等。具体来说可选用小杜鹃、小松树或小型龙血树、蕨类植物，放置在食物柜的上面或窗边，也可以选择小型吊盆紫露草、吊兰，悬挂在靠灶较远的墙壁上。此外，还可用小红辣椒、葱、蒜等食用植物挂在墙上作装饰。

值得注意的是，厨房不宜选用花粉太多的花，以免开花时花粉散入食物中。

厨房是家中空气最污浊的地方，因此需要选择那些生命力顽强，可以净化空气的植物：吊兰、绿萝、仙

人球、芦荟都十分不错。需要注意的是，由于厨房的烟尘和蒸汽不利于植物生长，因此最好定期给花草"洗澡"。

烹饪过程产生的油烟中，除一氧化碳、二氧化碳和颗粒物外，还会有丙烯醛、环芳烃等有机物质逸出。其中丙烯醛会引发咽喉疼痛、眼睛干涩、乏力等症状。过量的环芳烃会导致细胞突变，诱发癌症。让烹饪者的身心更健康，厨房绿化迫在眉睫。在绿化艺术布置上可选择能净化空气，特别是对油烟、煤气等有抗性的植物，如冷水花、吊兰、红宝石、鸭跖草等布置在离煤气灶较远之处，或悬吊在没有油烟的平顶上。吊兰和绿萝有较强的净化空气作用，还具有驱赶蚊虫的功效，是厨房植物的理想选择，也可以将它们摆放在冰箱上。

爱护花草树木

绿色空间

点燃烹饪时的俏皮——风信子

　　被誉为"西洋水仙"的风信子，其名源于希腊文阿信特斯的译音，原是希腊神话中被阿波罗女神所爱的一位英俊美男子的名字。在国外，风信子的花语为"只要点燃生命之火，便可同享丰盛人生"。这话正好道出了风信子的芳容和内涵。如此俏皮的小花束，适合放在厨柜上或者餐桌上，别有一番生活情趣，而且还能起到一定的清新空气的作用。

八 爱无限，绿无边
——大家一起行动起来

　　生命就像种子，只有用爱呵护，才能收获无边的绿色。绿色在每个人的心中，爱惜自己的家园，就从爱护花草树木做起，让我们携手共同创造一个绿色的地球吧！

爱护花草树木

127

1. 绿色校园，需要你我共同呵护

校园就像我们的家一样美丽、可爱。每当我们走进充满希望的校园，宽敞的大道，碧绿的草坪，高大的树木，令人心旷神怡。但是，如果细心观察，就会发现校园中依然存在着许多不文明的行为：

（1）在光线良好的晴天，教室里坐着许多学生，但是却没有人将开着的电灯关闭。

（2）有的同学洗完手后，没有把水龙头拧紧，任大量的水白白流走。

（3）雪白的墙壁上，总会有几处不和谐的文字或图案。

（4）刚刚发芽的垂柳枝，被无情地扯下，扔在角落里。

（5）运动场的跑道好像打了补丁，散布着一块块黑色的难以擦掉的东西——口香糖残渣。

（6）垃圾桶里堆满了一次性筷子、一次性塑料袋。

……

绿色是大自然赠予我们人类的宝贵财富，绿色是人类文明的摇篮。人人都渴望拥有一个美好的家园，人人都希望生活在人与自然和谐发展的文明环境里。无论是站在国家民族的角度还是人类生存的角度，我们都应重视环境问题。

创建绿色校园，不仅要有优美的硬件环境，更应该提高我们自身的修养和素质，这也是我们的责任和义务，人人都是护绿天使，我们要用绿色的实际行动去影响周围的人。

构建绿色校园任重而道远，它不是一件一朝一夕可以完成的事情，它需要我们长期坚持不懈的努力。让我们从身边点点滴滴的小事做起，养成良好的绿色习惯，相信总有一天，我们的校园可以成为一个充满绿意、朝气蓬勃的绿色校园。

■绿色加油站■

从改变习惯开始

　　（1）节约用电，自然光充足时关闭室内灯，离开教室时关闭教室灯和走廊灯。

　　（2）节约用水，用水时尽量使用小水流，用完及时关闭水龙头。

　　（3）节约用纸，一张纸两面用，废纸放在回收箱中。

　　（4）爱护植物，不折花，不攀树，不践踏绿地。

　　（5）拒绝使用一次性用品。

　　（6）不随手乱扔垃圾,不随地吐痰。

爱护花草树木

2.停下你的脚步，留下一片绿地

日常生活中，我们常常看到这样的情形：公园里，马路边，有的人为了少走几步路，便不惜穿越草地，践踏绿色生命，这种行为非常不文明。

谁都有着急赶时间的时候，但不管怎样，也不应该以践踏茵茵绿草、牺牲小草的生命为代价。正所谓，绕行三五步，留得芳草绿。这句文明提示语看似简单，却蕴含着深刻的道理：只有我们充分尊重自然，自然才会赐予我们一片绿草地。

地球是人类共同的家园，家园的美丽关系着我们身边的每一个人，当然也包括自己。在这个美丽的大家庭里，我们每个成员都应该具备主人翁意识，从身边的一点一滴做起。

仔细想一想，在我们的日常行为中，是否已经做得足够好了呢？当你站在一棵树下，跟朋友聊天的时候，你是否会有意无意地拉扯树上的枝叶，拿在手上把玩呢？当你走在林荫道上，看着果树上垂下一个个翠绿诱人的果实时，你是否会忍不住伸出手去摘呢？如果对这些问题，你能理直气壮地说一声"不，我不会"，那就说明，你已经养成爱护花草树木的好习惯了。

文明绕行三五步，留得绿荫满人间。从现在开始，你每踏出一步，都需要看一看脚下的大地，是否会因为你的这一步而伤害到环境。

绿色空间

认识绿道

"绿道"是一种线形的绿色空间，通常沿着河滨、溪谷、山脊、风景道路等自然和人工廊道建立，内设可供行人进入的景观游憩线路，连接主要的公园、自然保护区、风景名胜区、历史古迹和城乡居住区等，有利于更好地保护和利用自然、历史文化资源，并为人们提供充足的游憩和交往空间。

爱护花草树木

3. 为自己种一棵树

环境之于我们，无异于大地之于万物，是生养之根，没有了大地，就没有万物的生长，没有了绿色的环境。环境保护和绿色紧密相连，而绿之根本在于树。

环保专家测算，从生态效益角度，一个人一生种三棵树，那么这三棵树在不断成长过程中所起到的作用，足以抵消一个人一生的碳排放。

这段话除了告诉我们树木对生态环境的重要性外，还告诉了我们，每个人无时无刻不在向大气中排放废气。

事实上，生活在地球上的每个人不仅在向大气中排放废气，还在不断地直接或间接地消耗着自然资源，包括衣食住行等方方面面，只有这样，人才能活下去。所以，尽己所能回补自然，是每个人的义务。而种树，就是我们回补自然的一种方式。这与欠债还钱是一个道理，不同的是，你所欠金钱的债主会主动找你还账，而你所亏欠的大自然却从没有逼你还债。所以，为自己种一棵树，而不是为别人。

同学们，行动起来吧，如果我们每一个人都能为自己种一棵树，那么拥有一片蔚蓝的天空就不再是梦想！

植树要领

　　为了确保植树成活，林业和园林绿化专家细化了植树要领，提出植树的要诀——"一垫二提三埋四踩"：一垫是在挖好的树坑内垫一些松土，树木栽种的时候要提一提树干，起到梳理树根的作用，而埋树的土要分三次埋下，每埋一次要踩实土壤，其间至少要踩四次。当然，栽完后应立即灌水，水一定要浇透，使土壤吸足水分，有助于根系与土壤密接。无雨天不超过一昼夜就应再浇一遍水。

爱护花草树木

4. 让景区不再受伤

如今，节假日期间外出旅游已经成为人们的首选项目。是的，领略大自然的风光，感受大自然的魅力，是一件多么开心的事情啊！谁不为优美的景色而心动呢！

可是，许多人在旅游的过程中随意乱丢垃圾，当景区的游人散去后，垃圾遍地，这不仅严重污染了旅游景点，还破坏了野外环境，需要引起人们的反思。

优美旅游景观的打造，凝聚着无数人的智慧与汗水。破坏景区的环境，就意味着对他人劳动成果的不尊重。至于那些野外天然景观，多是偏僻尚未开发的自然环境，那里的垃圾根本没有人捡拾，如果垃圾越聚越多，我们将再也无法欣赏大自然的美景了。

不随意扔垃圾是对别人劳动的尊重。环保工人捡拾垃圾非常麻烦，需要在草丛中、岩石缝隙里一点一点地寻找。我们的环保工人不怕脏不怕累，他们的工作应该受到每个人的尊重，我们不应该再为他们添麻烦。更何况还有许多环保志愿者，在旅游景区义务清理垃圾，我们每个人都不应该为其增添负担。

从生态的角度来说，有些垃圾所造成的环境污染是我们始料不及的。

俗语有云，一滴水可以反映太阳的光辉。同样，你只做出一些小小的改变，就能让美景常驻心间：把垃圾放在塑料袋里，下车或走出景区后扔到垃圾箱里。

不乱扔垃圾，从现在做起！

■绿色加油站■

生态旅游

传统的山水风光游把大自然作为欣赏的对象，双方是一种商品交换关系，即花钱享受自然。生态旅游则对大自然充满了尊重、敬畏与关爱，双方至少是一种平等的、朋友的关系。游人在欣赏自然美景的同时，也在聆听自然的呼声，关注和思考着环境问题。这是一种肩负着社会责任感的全新的旅游方式，既融入了环境教育，又有利于自然资源与生物多样性保护事业。

爱护花草树木

5.像孝敬老人一样爱护古树

　　古树一般指在人类历史过程中保存下来的年代久远或具有重要科研、历史、文化价值的树木，树龄多在100年以上。

　　古树是自然文化遗产中的一支奇葩，是唯一有生命的活文物，它以其独特的生态价值、观赏价值、生命科学研究价值发出灿烂光芒。同时，古树也是中华民族悠久历史和文化的象征，是祖先留下的无价珍宝，是全社会的财富。一般来说，古树具有六大价值。

生态价值

　　古树的树冠通常较大，在制造氧气、调节温度和空气湿度、阻滞尘埃、降低噪声等方面有较明显的生态价值，有的还具有吸收某些有害物质的功能。

景观价值

一些古树生长于悬崖峭壁之上，形成一种人工难以造就的自然景观。

文化价值

有的古树被赋予人文情怀，如黄山的迎客松、送客松，这些古树由此具有特殊的文化价值。榕树常被作为长寿的象征，樟树代表着吉祥，木棉也被称为英雄树、攀枝花，是英雄和美丽的化身。

经济价值

某些古树，如龙眼可作为杂交育种的亲本，香樟是重要的经济植物和园林植物，古樟能提供大量果实，这些果实可用于育苗或药用。

科研价值

古树可用于当地自然历史的研究，从而了解本地区气候、森林植被与植物区系的变迁，为农业生产区划提供参考。

旅游价值

凡具有特殊观赏价值、文化价值或历史价值的古树均有旅游观光价值。

在我国，每个省份都分布有数不胜数的古树。然而，由于古树树龄高，生理机能下降，根部吸收水分、养分的能力

爱护花草树木

137

和再生能力减弱，导致生长缓慢或仅仅维持一息生命，如果再遇恶劣环境和人畜影响很容易死亡。为了保护这些古树，各地先后出台了地方古树保护条例，并为古树名木建立了"户籍"和档案。不过，古树的保护如果仅仅靠林业部门是不够的，还需要大家的共同呵护。

有人说，一棵古树，就像是家里的一位长者，是沧桑历史的见证者。是的，我们应该像孝敬老人一样，对其精心保护，倍加珍爱。

■绿色天使■

中国最古老的柏树——将军柏

河南省登封市嵩阳书院的将军柏，是中国最古老的柏树，人称"原始柏"，在国内外享有盛誉。树高18米，围粗13米，专家鉴定为原始柏，树龄在4 500年以上；据传汉武帝于元封年（公元前110年）游嵩山时，见二株柏树非常高大，一时高兴，将其封为"将军"。

6. 不进入自然保护核心区

自然保护区是指对有代表性的自然生态系统、珍稀濒危野生动植物物种的天然集中分布、有特殊意义的自然遗迹等保护对象所在的陆地、陆地水域或海域，依法划出一定面积予以特殊保护和管理的区域。

中国自然保护区分为国家级自然保护区和地方级自然保护区，地方级又包括省、市、县三级自然保护区。

通常情况下，按照自然保护区的性质，中国的自然保护区有三个类别。

自然遗迹类

此类保护区主要保护的是有科研、教育旅游价值的化石和孢粉产地、火山口、岩溶地貌、地质剖面等。比如，黑龙江五大连池自然保护区，保护对象是火山地质地貌；湖南张家界森林公园，保护对象是砂岩峰林风景区。

爱护花草树木

139

野生生物类

此类保护区保护的是珍稀的野生动植物。例如，广西上岳自然保护区，保护对象是金花茶；福建文昌鱼自然保护区，保护对象是文昌鱼。

生态系统类

此类保护区保护的是典型地带的生态系统。例如，吉林查干湖自然保护区，保护对象为湖泊生态系统；甘肃连古城自然保护区，保护对象为沙生植物群落。

那么，建立自然保护区有什么意义呢？主要有以下几点。

开辟基地

自然保护区是研究各类生态系统自然过程的基本规律、研究物种的生态特性的重要基地，也是环境保护工作中观察生态系统动态平衡、取得监测基准的地方。当然它也是教育实验的好场所。

美学价值

自然界的美景能令人心旷神怡，而且良好的情绪可使人精神焕发，燃起生活和创造的热情。所以自然界的美景是人类健康、灵感和创作的源泉。

保护自然本底

自然保护区保留了一定面积的各种类型的生态系统，可以为子孙后代留下天然的"本底"。这个天然的"本底"是今后在利用、改造自然时应遵循的途径，为人们提供评价标准以及预计人类活动将会引起的后果。

贮备物种

保护区是生物物种的贮备地，也是拯救濒危生物物种的庇护所。

现在，许多自然保护区向公众开放，或开展了生态旅游，但任何开放活动都必须在核心区之外进行，以突出保护为主的宗旨。

爱护花草树木

141

因为核心区不仅是动物保护之地和水源涵养之地，还是动物们最后无处可退的家。如果这个家再遭践踏，其中的动植物就会陷入绝境。

近两年，由于不当的旅游活动，使我国22%的自然保护区遭到生态破坏的压力。应知，人类的生存有赖于动植物生命的延续。因此，人人都应该怀着敬畏之心参观保护区，切莫闯入保护核心区。

绿色空间

宁夏贺兰山国家级自然保护区

宁夏贺兰山国家级自然保护区位于宁夏回族自治区银川平原西北部，跨石嘴山、平罗、贺兰、银川、永宁等市县，面积15.7公顷，1982年经宁夏回族自治区人民政府批准建立，1988年晋升为国家级，主要保护对象为干旱风沙区森林生态系统及珍稀动植物。

7. 拒绝使用纸质贺卡

　　每当新年来临，许多人都会彼此赠送贺卡以示祝福。祝福他人本来无可厚非，但是，如果人人以贺卡的方式表达祝福，就会带来不小的环境问题。

　　你也许认为，一张小小的贺卡，就是两张硬纸片组成。殊不知，制作4 000张贺卡，就能耗费一棵大树的木材，10万张贺卡则需要消耗5.5立方米木材，相当于30棵10年生的树木。

爱护花草树木

　　环保部门估算，如果1 000万人平均每人消费一张贺卡，就要砍掉近3 000棵10年生大树。大量使用的贺卡不但直接吞噬掉宝贵的森林资源，还会带来大量的废水，消耗大量的电能，不仅浪费资源，还污染环境。

　　而我国森林资源的现状是，森林覆盖率不及14％，人均占有森林蓄积量为805立方米，不到世界人均水平的11％。生态灾难向我们发出警报，乱砍滥伐就会导致水土流失，其后果是无法估量的。

　　也许少送一张贺卡不能挽救一棵树的生命，但是如果13亿人每人少送一张贺卡，就可以挽救一片森林。

　　为此，从现在开始珍惜森林资源，在各种节日前少寄或不寄贺卡，改为利用电子贺卡、短信、彩信等环保方式表达对亲友的祝福，切切实实"减卡救树"。

■绿色加油站■

小改变，大环保

　　日常生活中，你有过以下浪费纸的情况吗？作业本刚用几页就换新的，过期的报纸当垃圾扔掉，使用纸巾擦手等。如果这些行为在你身上发生，请做出以下改变：作业本两面都用完后，卖给收废品的人；过期的报纸也做同样处理；使用手绢擦手。你的一次小小的改变，就能够挽救很多树木。

8. 关注有关环保的信息

　　媒体是社会的雷达，新闻记者是守望人类生存环境的带头人，他们时刻提醒管理者和社会公众关注人类生存环境的变化，关注这些变化给人类带来的危害。

　　新闻媒体在政府、社会各界以及社会公众三者之间搭建了一个信息互动的平台。从20世纪80年代开始，随着经济的发展和环境问题的日益突出，中国媒体形成了报道环境新闻的第一个高潮。进入21世纪后，我国的媒体开始更全面、深入地报道环境问题。近年来，报纸、电视台以及新型媒体，都把环境保护作为重要的报道内容，纷纷开辟关注环境的专栏，环境信息的报道数量不断增加。

　　为此，关注媒体的环境报道，能够让我们在第一时间掌握生态环境的最新情况。同时，我们还要自觉成为环境问题的传播者，把了解的信息告诉他人。

爱护花草树木

　　另外，如果发现了有价值的环境事件，应该积极向媒体提供新闻线索，帮助记者完成报道，动员更多的人为环境保护而积极行动。

■绿色时间■

世界环境日

　　世界环境日是每年的6月5日，于1974年6月5日由联合国人类环境会议建议并确立。世界环境日的意义在于提醒全世界注意地球状况和人类活动对环境的危害。要求联合国系统和各国政府在这一天开展各种活动来强调保护和改善人类环境的重要性。

9. 勇于举报破坏环境的行为

不断完善和规范的法律制度是环境保护的有力武器。1979年，我国出台了第一部环境保护的法律——《中华人民共和国环境保护法》，之后又颁布了一系列环保法律法规。《中华人民共和国环境保护法》第六条规定："一切单位和

投诉热点

爱护花草树木

147

个人都有保护环境的义务，并有权对污染和破坏环境的单位和个人进行检举和控告。"《国务院关于环境保护若干问题的决定》中规定："建立公众参与机制，发挥社会团体的作用，鼓励公众参与环境保护工作，检举和揭发各种违反环境保护法律法规的行为。"这是我们每个人参与环境保护的法律依据。

现在，我们很多人羡慕欧美国家美丽如画的环境，其实，这些国家也曾经历过环境破坏和污染的时期，是环境意识、法律和社会公德及公众的监督形成了良好的社会风气，才取得了今日的环境保护成就。所以，以法律约束、公众参与和舆论监督等要素共同制约破坏环境的行为，是各国取得今日环境保护成就的普遍经验。

可以说，我们每个人都是环境破坏的直接受害者，我们应该学会用法律保护自己。当发现有人偷砍树木、在山上偷采药材等行为时，应该及时向相关部门举报。

只有我们共同参与其中，才能创造出具有良好生态环境的生存空间。

■绿色加油站■

环保举报热线

国家环保部向社会公布了在全国开通的统一环保举报热线电话"12369"。 国家环保部有关人士表示，开通这个热线电话的目的，是为了方便群众，自动处理、自动传输，提高工作效率，确保上通下达，政令畅通。2014年5月，该热线受理群众举报125件，均已转交各地方环保部门调查处理。

10. 支持环保募捐

　　环境保护贵在身体力行，但是，有的时候，我们可能因为种种原因不能参加一线保护工作。这个时候，可以通过其他形式参与，比如，通过支持环保公益机构的募捐活动，可以收到殊途同归的效果。

　　欧美国家环保的一条重要经验就是，大家共同参与。如今我国的环保组织不断涌现，他们通过各种环保活动，比如，植树、宣传保护花草、提倡低碳生活等方式，开展环保

爱护花草树木

149

宣传教育活动，他们的行为影响着社会舆论和政府行为，对推动绿色文明建设意义重大。

大部分环保组织是公益性的，他们的很多活动离开社会的经济支持就难以成行。所以，给予他们经济上的支援很重要，比如，支持他们的环保募捐或购买他们的公益拍卖品等。

让更多的人，以更多的方式参与到环境保护中来吧！每一个人都为环保捐款，乘以13亿人口，就会变成一个很大的数目；再大的污染问题，除以13亿人口，就会变成一个很小的问题。携起手来，让我们共同保护地球上的绿色！

▓绿色加油站▓

欢迎加入捐赠的行列

生活中常有一些闲置不用或者已经过时的旧衣服、旧书刊，这些东西仍然有继续利用的价值。如果当成垃圾丢弃，既是一种浪费，又给环境增加了负担。如果将这些物品捐给贫困者，既奉献了爱心，改善了他人的生活质量，又可以减少生活垃圾的数量，何乐而不为呢？

11. 向家人讲解环保知识

　　青少年接受新事物快，并且容易付诸行动。一些新知识、新观念、新名词，大多是在青少年中流传开来，然后再通过他们传给父辈，这是知识经济时代一种较为典型的社会现象。

　　环保知识的传播也具有这样的特点。一方面，家长的教育给孩子留下了最初的环保意识，比如，不在公共场所吐痰，不乱扔垃圾，在公园里不摘花，不攀折树枝，不践踏草地等。另一方面，孩子可以告诉父母有关传播花草的作用、低碳生活、全球变暖等方面的环保知识和理念。通过家长与

爱护花草树木

151

孩子之间的良性互动，使得环保意识真正、持久地深入人心，影响社会、环境以及人类的行为。

绿色空间

中国环境标志

1993年，中国正式确定了环境标志图形，它由青山、绿水、太阳和十个圆环组成，其中心结构表示人类赖以生存的环境；外围的十个圆环环环相扣，表示公众参与，共同保护环境；同时，十个环的"环"字与环境的"环"同字，寓意为"全民联合起来，共同保护人类赖以生存的环境"。

12. 做一名环保志愿者

　　在环境灾难面前，没有谁是局外人。每个人都应该成为环境保护的行动者，尽到自己的一份义务。你也许会说，我不懂环保专业知识，职业也和环保无关。这一切都不是问题，只要你愿意，做一名环保志愿者吧。

　　环保志愿者在很多国家和地区已经成为一种时尚。据报道，美国18岁以上的公民中有49%做过义务工作，每人平均每周义务工作4.2小时，全国每年义务工一项就创造2 000亿美元的价值。国外很多大公司在录用人才时，特别注意应征者是否参加环保公益活动，以此判断其社会责任感和敬

爱护花草树木

业精神。

很多环保组织都愿意为志愿者提供服务社会的机会。加入环保组织后，你可以做的事情很多，比如，参加环保宣传，义务帮助环保组织工作，参加公益活动等。

一个人的力量毕竟是有限的，通过加入环保组织的方式，将大家的力量凝聚在一起，一起携手保护自然环境，保护我们的家园，这样，绿色才会与我们同在！

■绿色先锋■

民间环保组织——自然之友

自然之友全称为"中国文化书院·绿色文化分院"，会址设在北京，是中国民间环境保护团体。自然之友以开展群众性环境教育、倡导绿色文明、建立和传播具有中国特色的绿色文化、促进中国的环保事业为宗旨。国家环保部对民间环保组织现状的一份调查报告显示，自然之友是全国人数最多的环保民间组织，会员总人数已超过了10万人。各地会员热忱地在当地开展各种环境保护工作，多位会员荣获各级嘉奖；由自然之友会员发起创办的非政府组织已有十多家。